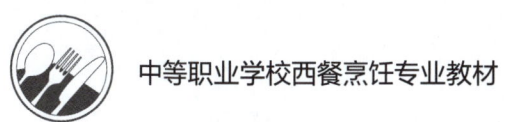

中等职业学校西餐烹饪专业教材

西餐烹调技术

李顺发　朱长征　主编

中国轻工业出版社

图书在版编目（CIP）数据

西餐烹调技术 / 李顺发，朱长征主编. —北京：中国轻工业出版社，2024.1

中等职业学校西餐烹饪专业教材
ISBN 978-7-5184-1190-0

Ⅰ.①西… Ⅱ.①李… ②朱… Ⅲ.①西式菜肴—烹饪—中等专业学校—教材 Ⅳ.①TS972.118

中国版本图书馆CIP数据核字（2016）第283223号

责任编辑：史祖福　　责任终审：张乃柬　　整体设计：锋尚设计
策划编辑：史祖福　　责任校对：晋　洁　　责任监印：张　可

出版发行：中国轻工业出版社（北京鲁谷东街5号，邮编：100040）

印　　刷：河北鑫兆源印刷有限公司

经　　销：各地新华书店

版　　次：2024年1月第1版第6次印刷

开　　本：787×1092　1/16　印张：13

字　　数：266千字

书　　号：ISBN 978-7-5184-1190-0　定价：37.00元

邮购电话：010-85119873

发行电话：010-85119832　010-85119912

网　　址：http://www.chlip.com.cn

Email：club@chlip.com.cn

版权所有　侵权必究

如发现图书残缺请与我社邮购联系调换

240117J3C106ZBQ

前言 PREFACE

2010年5月5日，国务院审议通过了《国家中长期教育改革和发展规划纲要（2010—2020）》，其中关于职业教育的意见中，提出了我国将大力发展中等职业教育，调动行业企业的积极性，完善职业教育支持政策，推进中职学校招生方式和教学改革等内容，对职业教育的发展具有重大意义。该规划纲要提到，把提高质量作为重点，以服务为宗旨，以就业为导向，推进教育教学改革；实行工学结合、校企合作、顶岗实习的人才培训模式；坚持学校教育与职业培训并举，全日制与非全日制并重。根据该规划纲要的要求，我们在编写这本教材的时候，突出学生的理论和动手操作能力双提升，使教材尽量符合一体化教学的要求，在注重理论的同时，强调实践能力，使学校培养出来的学生更能适应企业对人才的要求，实现学生从学校到企业岗位的无缝对接，真正实现教学改革新模式。

本教材在编写过程中体现以下几个特点：

第一，坚持以时代背景为依托、能力为本位，重视实践能力的培养，突出职业技术教育特色。

第二，根据餐饮行业的发展，合理更新了教材内容，尽可能多地在教材中充实新知识、新思维、新方法、新设备和新工艺等方面的内容，使教材具有鲜明的时代性。

第三，教材尽量采用图、文、表等多种方式进行表述，以增强教材的趣味性，增加对学生的吸引力。

第四，教材内容根据技能鉴定考试的要求，设定了思考题的编排。

本书由河南省郑州市商业技师学院李顺发、朱长征担任主编，无锡旅游商贸高等职业技术学校吴晶、无锡市公共交通股份有限公司徐天一担任副主编，河南省郑州市商业技师学院的王标、樊雷、张翔、徐月、刘树军、黄小涛老师以及衡阳市商业技工学校的刘爱莲老师、山东城市服务技师学院的沈玉宝、刘宗艳老师也参加了本书的编写工作。全书由王标进行统稿、整理。

由于编者水平所限，加上时间仓促，书中错误和不妥之处在所难免，恳请有关专家、兄弟院校同仁及广大读者批评斧正。

编 者

2016年8月

目录 CONTENTS

模块一　西餐基础知识 /001

项目1　西餐概述 /002
项目2　西餐礼仪 /010

模块二　西餐厨房结构与分工 /016

项目1　厨房结构和布局 /017
项目2　厨房组织人员结构 /020
项目3　专业人员的素质要求 /025

模块三　西餐厨房常用设备（工具）及西餐烹调技法 /027

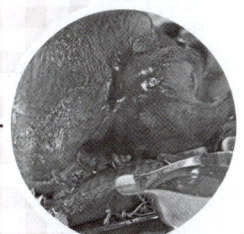

项目1　厨房设备介绍 /028
项目2　烹调的基本原理介绍 /045

模块四　西餐菜肴制作训练 /056

项目1　汤 /057
项目2　沙司 /064
项目3　西式凉菜 /084
项目4　配菜 /087
项目5　热菜 /108

模块五　西式面点类 /120

项目1　面包类 /121
项目2　混酥点心类 /126
项目3　清酥点心类 /129
项目4　蛋糕类 /132

项目 5　其他面点类 /137

模块六　不同国家和地区的菜式特点及菜例 /142

项目 1　法国菜的特点和经典菜式 /143

项目 2　意大利菜的特点和经典菜式 /145

项目 3　美国菜的特点和经典菜式 /148

项目 4　英国菜的特点和经典菜式 /150

项目 5　俄国菜的特点和经典菜式 /152

项目 6　德国菜的特点和经典菜式 /154

项目 7　东南亚菜的特点和经典菜式 /156

模块七　星级酒店菜单设计 /161

项目 1　菜单的类型与构成 /162

项目 2　菜单的设计及营养搭配 /166

项目 3　菜单及节日菜单设计实例 /179

参考文献 /202

模块一
西餐基础知识

学习内容
项目1　西餐概述
项目2　西餐礼仪

学习目的
通过本模块的学习，了解西餐的发展历史，掌握西餐的用餐礼仪。

项目 1 西餐概述

一、西餐概念

西餐是我国和其他东方国家的人们对西方各国菜点的统称,也可以说是对西方饮食文化的统称。所谓西方,习惯上是指欧洲国家和地区以及人口以欧洲国家和地区的移民为主的北美洲、南美洲和大洋洲的广大区域。

由于这些国家的地理位置相邻,历史上曾多次出现过民族大迁移,在文化生活上有着千丝万缕的联系,餐饮文化早已互相渗透融合,在菜式的制作方法上也有许多共同之处,于是我们习惯上将这些菜式统称为"西餐"。但就西方人自己而言,他们并无明确的西餐概念,法国人认为他们做的就是法国菜,美国人认为他们做的就是美国菜。每一个国家的菜式都有各自的特点,如法式菜在西餐中名气最大,在原料使用上非常讲究广、精、鲜。一般来说,西餐在选料上局限性较大,但法式菜的选料却很广泛,如蜗牛、百合、椰树心等都可入菜,而且选料很精,并要求原料绝对新鲜;在烹调方法上也很讲究,例如沙司,很多沙司都要煮8小时以上,口味讲究浓、鲜、嫩。英式菜相对来说比较简单,最突出的是口味清淡,善于做各种新鲜蔬菜;烹调中很少用香料和调味酱,酒也用得不是太多,但英式早餐十分讲究,有"丰盛的早餐"之美称。美式菜是在英式菜的基础上发展起来的,但又有独到之处,用水果作原料比较普遍,而且用量较大,颇具特色,在重大节日(感恩节、圣诞节)时喜欢吃火鸡菜肴。意式菜讲究原汁原味,口味浓香,浓汁菜肴较多,最大的特点在于其多种多样的面食,如各种通心粉、面条。俄式菜在很多方面吸收了欧洲其他国家的菜式长处,尤其是法式菜的长处,并根据自己的生活习惯逐渐形成了独具特色的菜式,其中"俄式小吃"品种繁多,较为著名。由于俄罗斯气候寒冷,以致俄式菜一般油性较大,口味也较浓重。

近几个世纪以来,随着东西方文化的不断撞击、渗透与交融,东方人民逐渐了解到西餐中各种菜式的不同风味特点,开始区别对待,一些星级饭店都分别开设了法式餐厅、意式餐厅等。西餐作为一个笼统的概念逐渐趋于淡化,但西方餐饮文化作为一个整体概念还会继续存在。

二、西餐发展简史

西方饮食文化的发展与整个西方文明史是分不开的。西方文明是在地中海沿岸地区发展起来的，公元前3100年地中海南岸的古埃及就形成了统一的国家，经过古王时期、中王时期和帝国时期后，创造了灿烂的古埃及文明。据史料记载，埃及宫廷的饮食已十分丰富，法老每天进餐5次，每次喝2种奶、4种啤酒、1种无花果酒、4种葡萄酒和二三十种佳肴。在埃及众多的宫殿和陵墓的壁画中，有一幅展示了公元前1175年底比斯城的宫廷中制作面包和蛋糕的情景，说明有组织的烘焙作坊和模具在当时已经出现，据记载当时的面包和蛋糕的品种已有16种之多。

公元前5世纪，在古希腊的西西里岛上，出现了高度发达的烹饪文化。在当时就很讲究烹调方法，煎、炸、烤、焖、蒸、煮、炙、熏等烹调方法均已出现，技术高超的名厨师很受社会的尊敬。现在人们知道的英国蛋糕，最早源于一种被称为西姆尔的水果蛋糕，据说它来源于古希腊，其表面装饰的12个杏仁球代表罗马神话中的众神，今天欧洲有的地方仍用它来庆祝复活节。古希腊是世界上最早在食物中使用甜味剂的国家，其中也包括以面粉为原料的烘焙食品，早期糕点所用的甜味剂是蜂蜜，蜂蜜蛋糕曾一度风靡欧洲，特别是在蜂蜜产区，古希腊人用面粉、油和蜂蜜制作了一种煎饼，还制作了一种装有葡萄和杏仁的塔，这也许是最早的蛋糕塔。古罗马的烹饪文化较为落后，后来受到了希腊文化的影响，渐渐开始重视。当时，古罗马宫廷膳房分工很细，由面包、菜肴、果品、葡萄酒四个专业部分组成，厨师总管的身份与贵族大臣相同。一般的奴隶主家中平日没有技艺精湛的厨师，只有在举行特别盛大的宴会时，才聘请高级厨师进行烹调来招待贵客，此举被认为是极荣耀的事情。许多王公贵族在自己家中试做调味品，每种调味品都由多种原料复合而成，如由蛋黄、素油、柠檬、胡椒粉、芥末等调和而成的调味品，就是当今所用的马乃沙司，类似的调味品多达数十种。有的贵族还用本家族的名字作为调味品的名称，以显示自己门第的权威。在当时尽管烹饪文化有了相当的发展，但人们的用餐方法仍以抓食为主，意大利的大主教认为"只有上帝创造的人类手指才配接触上帝的赐物"。15世纪人们习惯于用舌舔手，或用上衣揩手，还有的用面包片擦手。

15世纪中叶是欧洲文艺复兴时期，饮食同文艺一样，以意大利为中心发展起来，在贵族举行的宴会上涌现出各种名菜、细点。驰名世界的空心面就是那时出现的。

到了16世纪初、中叶，法国安利二世的王后卡特利努·美黛希斯喜欢研究烹调方法，她从意大利雇用了大批技艺高超的烹调大师在贵族中传授烹调技术，这样不仅使宫廷、王府的菜点质量显著提高，同时使烹饪技法广为流传，促使法国的烹饪业迅速发展起来。与此同时，她为了改变不文明的用餐陋习，还明文规定了用餐规则，如用手抓食、舔手或用上衣擦手都是不文明行为，只有用桌布擦手才有礼貌。后来，法国有位叫蒙得弗德的人为了让客人预先知道全宴席的菜品，他让管家在宴会前用羊皮纸写好菜名，放置在每个座位前，这便是最早的西餐菜谱。

西餐餐桌上的刀、叉、匙都是由厨房用的工具演变而来的。个人用的餐刀，大约出现在17世纪。那时的餐刀头尖如匕首。

勺子作为厨房用具，在远古时期已被人使用，餐桌上用的汤匙也是在17世纪出现的。大叉子原来只在厨房使用，10世纪拜占庭时期，餐桌上曾出现过较小型的银质叉子，但只是昙花一现。直到1894年，英国水兵还不许使用餐叉和匙，据说使用这些餐具不像男子汉。

伟大的艺术家达·芬奇的油画杰作《最后的晚餐》如实地描绘了餐桌上有面包、仔牛肉、冷盘、葡萄酒、餐刀及玻璃杯等物。这是当时基督教欢度复活节的圣餐场面，这个场面已经大体具备了现代西餐的雏形。

到了1638—1715年，由于讲究饮食而被人称为美食家的法国国王路易十四在宫廷中发起了烹饪大赛，优胜者发奖章及奖赏，从而推动了烹饪业的蓬勃发展，一时间宫廷内佳肴美馔迭出。当时研制出来的菜称宫廷菜，独成一系，在宫廷举办宴会时，一餐往往达64种之多。在宫廷的影响下，上层社会盛行大摆宴席之风，当时的菜单上有冷盘、汤、肉食、禽类、水果、点心之类。品种花样已有现代西餐的眉目，从此西餐逐步趋于完善。

18～19世纪，由于宫廷和上层社会的烹调热，以及西方政体改革、近代自然科学和工业革命的影响，直接推动了整个社会的烹饪业发展，西餐发展到了一个崭新阶段，社会上出现了西餐餐厅，就餐是每人一份的形式，不久出现了零点菜谱，但只是简化了的宫廷菜。瓷器餐具普遍用于欧洲各国的西餐餐桌。自从哥伦布发现新大陆之后，西方出现了航海热，世界各地的食品先后传入欧洲。在中国青花瓷传入欧洲之前，西餐中使用的用具只有金属器、玻璃器和软质陶器。中国青花瓷的淡雅、精美，引起了欧洲人的喜爱，于是欧洲人便开始了瓷器的研制。1710年德国多列士典出现了欧洲最早的瓷窑——曼斯窑。1717年法国建起了赛尔窑。接着，英国烧制出了洁白的骨灰瓷器，且造型、质地不断更新，进而瓷器餐具在西餐中安家落户。

20世纪是西餐发展的鼎盛时期，一方面，上层社会豪华奢侈的生活反映到西餐的制作上；另一方面，西餐也朝着个性化、多样化的方向发展，品种更加丰富多彩，同时，西餐开始从作坊式的生产步入到现代化的工业生产，并逐渐形成了一个完整和成熟的体系。20世纪50年代，由于战后美国经济迅速发展，生活方式的改变，女性就业人数的增加，美国饮食业随之兴旺，一种新的饮食形式"快餐"，进入了快速发展的时期，由于连锁这种有效经营方式的引入，快餐业以加盟和特许的方式，迅速扩张自己的经销店铺，到20世纪60年代末期、70年代初期，美国快餐业逐渐发展起来。受美国的影响西方其他国家的快餐业也逐渐发展起来。

三、西餐在中国的传播、发展与现状

1. 西餐在中国的传播和发展

西餐在我国有着悠久的历史，它是伴随着我国和世界各民族人民的交往而传入的，但西餐到底何时传入我国，至今还未有定论。据史料记载，早在汉代，波斯古国和西亚各地的灿烂文化通过"丝绸之路"传到中国，其中包括饮食。13世纪时，意大利著名学者马可·波罗，在我国居住数十年，为两国的经济文化交流贡献了毕生的精力。他把中国面条带到意大利，经勤劳聪明的意大利人民发展创造，演变成为今天举世闻名的意大利面条，与此同时，马可·波罗也给成吉思汗的子孙带来了意大利人民的佳肴美馔。但是在漫长的封建社会中，中西方的交往是十分有限的，当时在食品方面，只限于一些物产的相互交流，如西方的芹菜、胡萝卜、葡萄酒等陆续传入我国。

17世纪中叶，西欧一些国家开始出现资本主义，一些商人为寻找商品市场，陆续来到我国广州等沿海地区通商，一些政府官员和传教士也先后到我国部分城镇进行传教等文化渗透活动。这些人一般在我国居住时间较长，由于生活上的习惯，他们自带本国食品和本国厨师，也有的雇用中国人为他们服务。这样，西方国家的生活方式在我国就有了较大的影响。明代天启二年（1622年）来华的德国传教士汤若望在京居住期间，曾以"蜜面和以鸡卵制作的"西洋饼款待中国人，"食者皆诧为殊味"。这些事实说明当时西餐在我国已有流传。但这些简单的西餐也只是在来华的外国人家庭餐桌上才能出现。到清代初期，随着涌入我国的外国商人和传教士等的增多，中国宫廷、王府官吏与洋人交往频繁，逐步对西餐产生兴趣，有时也食起西餐来了。如清代乾隆年间的袁枚曾在粤东杨中丞家中食过"西洋饼"。但当时，我国的西餐行业还没有形成。

鸦片战争以后，西方列强用武力打开了中国门户，争相划分势力范围，他们同清政府签订了一系列不平等条约，进入我国的西方人越来越多，从而把西方的烹饪技艺带入了中国。外国的领事馆、教堂、兵营、商店等，一切有外国人的地方都有自制的西式菜肴和糕点。起初，只是自制自食，有时也用来招待客人，显然，这些西式美食的享受者，仍限于外国人和官吏贵族。当时曾有诗云："海外珍奇费客猜，西洋风味一家开。外朋座上无多少，红顶花翎日日来。"

清代光绪年间，在外国人较多的上海、北京、天津、广州、哈尔滨等地，社会上出现了以营利为目的专门经营西餐的番菜馆、咖啡厅和面包房等。从此，我国有了西餐行业。据清末史料记载，最早的番菜馆是出现在上海福州路的"一品香"，之后相继开业的有"江南春""一家春""海天春""万年春""吉祥春"；北京在这期间也开设了"醉琼林""裕珍园"；哈尔滨则有"马迭尔餐厅"等。

1900年八国联军进入北京后，北京成了外国人的乐园，西餐也随之在北京渐渐兴起。首先是两个法国人于1900年创办了北京饭店，在此前后，西班牙人创办了三星饭店，德国人开设了宝珠饭店，俄国人开设了石根牛奶厂，希腊人开设了正昌面包房。另外，当时的宫廷、王府等也都设有番菜房。

从20世纪20年代起，上海又出现几家大型西式饭店，如礼查饭店、汇中饭店、大华饭店等，进入30年代又有国际饭店、华懋饭店、上海大厦、成都饭店等大饭店相继开业。与此同时，社会上的西餐馆也随之增加，"大西洋""沙利文"等都是这时出现的，其他城市也开设了西餐馆，如天津的"维克多利""起士林"和广州的"哥伦布餐厅"。这些大型饭店所经营的西餐大都自成体系，但不外乎英、法、意、俄、德、美式菜肴，有的社会餐馆也经营带有中国味的番菜及家庭西餐。随着这些西餐饭店的开业，在中国上层官僚、商人以及知识分子中，掀起了一股吃西餐的热潮。享用西餐，似乎成为上层社会追求西方文化和物质文明的一种标记。总之，20世纪20～30年代是西餐在中国传播和发展的最快时期。

中华人民共和国成立前夕，由于连年战乱，西餐业已濒临绝境，从业人员所剩无几。1949年中华人民共和国成立后，西餐厅纷纷歇业或改制、合并，到了"文革"期间，能够继续营业的西餐厅屈指可数。不过，当时的几家俄式餐厅依然颇具影响力，例如北京的莫斯科餐厅，那里一度是红卫兵运动的集结地，20世纪70年代后则成为了京城年轻人恋爱、聚会的首选地。

改革开放后，西餐重新有了发展，1983年法国时装大师皮尔·卡丹在北京开了第一家中外合资的西餐厅：马克西姆。餐厅从装饰、口味到服务，均是纯正的巴黎风格，只是人均200元的消费，在那个时代足以令国人望而却步。

随着改革开放的不断深入和我国国际地位的不断提高，世界各地与我国政治、经济、文化等交流日益频繁，西餐在我国城市餐饮市场已经占有一定地位，几乎所有的中等以上城市，甚至在沿海地区的县城都有数量不等的西餐馆，或是中式餐馆兼有西餐经营。如北京饭店、和平宾馆、友谊宾馆、新侨饭店、莫斯科餐厅等都设有西餐厅。20世纪末，许多西餐品牌开始陆续进入中国，法国的福楼、美国的星期五、意大利的亚地里亚等，同时，本土化的西餐业，尤其是平价西餐连锁店，也开始大量出现。中国西餐业进入了一个全新的发展阶段。

2. 西餐在中国的发展现状

改革开放以后中国与国际间的交流越来越密切,同时外国来华旅游和居住者也日益增多,特别是开放城市更为明显,从而增加了西餐的需求;改革开放使人们的饮食消费观念发生了变化,他们追新猎奇,追求更异样的东西、更特殊的文化、更高档的享受,于是,西餐消费群出现了;生活水平的提高和支付能力的增加,促进了饮食需求的多样化;海归人士的大量增加,其生活、饮食习惯在一定程度上也促成了西餐市场的发展。中国西餐业进入了一个新的发展阶段。

我国西餐业主要分布在:沿海发达城市,如广州、深圳、厦门,特别是广州、深圳等地受香港、澳门的影响,西餐发展非常快;经济发达、对外开放比较早的地区,吉林、辽宁、湖南、湖北、河南、江苏、浙江等地经济相对较发达,其对外开放的活动比较多,也引进了一些西方的生活习惯;旅游发达地区虽然偏远,但西餐发展很快,比如云南、广西、海南、西藏等地;历史遗留下来的西餐厅多位于天津、上海、大连等地,例如天津的德国餐厅"起士林"、上海的"红房子"等,有的西餐厅拥有上百年的历史。

西餐一进入中国,就以它的快速与丰富来表现自己的特点。国外的西餐流行业态也很快地进入到了中国。目前,我国的西餐业态主要分为以下几种形式。

第一种是西式正餐。西式正餐从服务到文化包装再到菜品都有各自不同的体系,头菜、主菜、甜品都很讲究,法餐、德餐、意餐等不同口味也有明显区别。

第二种是西式快餐。西式快餐以麦当劳、肯德基、德克士、必胜客为主,包括汉堡、比萨、主菜配饭、意面等。

第三种是酒吧和咖啡厅。酒吧是一种以酒为主,配有简易食物的结合体,所以归为西餐业态。目前咖啡厅分成两种形态,一种是以咖啡为主,稍带一些小点心;另外一种虽然叫咖啡厅,但实际上是一种有咖啡、茶、便餐的混合体。这是咖啡厅的一个早期形态,在中国将会存在相当长的时间。

第四种是茶餐厅。茶餐厅是中国的一个特色,特点是可以让顾客在很西式的环境下吃有中式特点的东西。还有一些西式便餐如广州的绿茵阁、北京的百万庄园、上海的斗牛士,在口味和制法上都有所调整,更接近中国人的习惯,人均消费一般也控制在50元左右,是目前发展最快的一种西餐业态。

多样化的、丰富多彩的西方饮食文化给中国消费者提供了一种与中国传统的饮食文化完全不同的享受。

截止到2014年,在我国30多个省区市中都已有西餐企业,60%以上的地级城市也有西餐，西餐业的网点发展更是到了像云南丽江、西藏拉萨、宁夏银川等偏远地区。我们发现：与中餐相比，西餐发展速度更快，触角更长，遍及全国各地，表现出强大的生命力。

四、西餐与中餐饮食文化的区别

由于历史、地理、民族等多种因素的影响，使得东、西方文明存在很大的差异，其饮食文化也不例外，单就中餐和西餐而言，主要差别体现在以下几个方面。

1. 选料的区别

由于我国历史上一直未出现过政教合一的政权，因此多数人在饮食上受宗教的禁忌约束较少，加之人口众多，为解决吃饭问题，也要多方觅食，而权贵们在饮食上又喜欢猎奇，讲究物以稀为贵，所以中餐在选料上非常广泛，几乎是飞、潜、动、植，无所不食。西方在中世纪后精神文化上一直受到宗教的约束，因此在选料上有了种种禁忌。到了近代，随着现代营养学的建立，西餐考虑营养因素较多，所以选料上局限性较大。常用的原料有牛、羊、猪肉和禽类、乳蛋类等。

2. 原料加工的区别

中餐很讲究刀工，可以把原料加工成细小的片、条、丝、丁、粒、末、泥等多种形状。而西餐厨刀种类多，但一般都把原料加工成体积较大的排、卷、块等形状，讲究的是造型优雅别致。

3. 烹调设备与方法的区别

中餐菜肴一般选用圆底锅、明火灶，这种设备非常适宜烹制菜肴，烹调方法多样，有炒、爆、熘、炸、蒸、炖、焖、烧等；而西餐主要是用平底锅、暗火灶、烤箱、扒板、面火焗炉等设备，烹调方法主要以煎、烤、焖、烩、铁扒、焗、串烧等，另外，做法也比较复杂，一份菜由主菜、配菜和沙司三部分组成，而且是分别制作，最后放在盘子里，组合成一份完整的菜。

4. 口味的区别

中餐菜肴大都有明显的咸味，并富于变化。同时由于讲究刀工，刀口很小所以菜肴入味很好，大多数菜肴都是完全成熟后再食用；而西餐菜肴很少有明显的咸味，口味变化相对较少，但追求菜肴鲜嫩的效果，像牛排、猪排等菜肴都要根据客人的要求确定成熟度，大多西方人吃五成熟，有些海鲜也喜欢生吃。再有西餐非常讲究沙司的制作，并且其种类繁多。

5. 就餐内容的区别

中餐有明确的主副食概念。主食有米、面等各种粮谷类制品，并占有较大比重。讲究一日三餐遵循"早吃好、午吃饱、晚吃少"的原则和"五谷为养，五果为助，五畜为益，五菜为充"的饮食结构；而西餐并无明确的主、副食概念，谷物制品以面包为主，其他一些面食、米饭经常作为配菜放在盘子旁边，用量也较小。

6. 就餐形式的区别

中国自古就是礼仪之邦，就餐时也很有讲究，一般多坐圆桌，一桌多为十人，取和和美美、团团圆圆之意，进餐时使用筷子，为了方便夹菜20世纪70年代发明了转台。这种聚餐形式是中国特有的一种饮食文化，它完美地体现了中国传统儒家文化"和为贵"的思想体系，同吃一个碗里的比同吃一个锅里的感情更深，形成有难同当、有福同享、调节关系、联络感情的良好氛围。而西方人则采用使用公用餐具分取菜点，用个人餐具进食的分餐制形式，使用的餐具主要是刀和叉。

7. 医食是否同源的区别

中餐讲究医食同源，西餐则是医食独立的，讲究现代营养学。

8. 工艺操作的区别

中餐的工艺操作多以手工为主，西餐则多是工业化生产，菜点质量较为稳定，受操作者主观因素影响较小。

9. 上菜顺序的区别

中餐上菜的顺序为：凉菜→热菜→大菜→饭点→汤菜→水果。

西餐的上菜顺序是：开胃菜→汤→鱼或肉→蔬菜沙拉或奶酪→甜食或水果→咖啡或茶。

项目 2 西餐礼仪

礼仪是礼节、仪式的统称，是指在人际交往中，以一定的、约定俗成的程序和方式来表现的自律、敬人的完整行为。它由一系列具体的礼节所构成，是一个表现礼貌的系统而完整的过程。礼仪是一个人的内在修养和素质的外在表现，是人际交往中的一种艺术，也是一种形式美，是人心灵美的外在体现。

西餐礼仪是指西方人进餐时在选材用料、烹饪方式和进餐方式等方面形成的基本规则和礼节。西餐不仅以健康、合理的饮食搭配结构而受到欢迎，它那追求严谨、富于审美情趣的进餐氛围更受到美食家们的赞赏。其就餐的礼仪以自然、实际为主，不讲客套、谦让，但用餐中的规矩、礼仪非常地烦琐和严格。

一、西餐礼仪的起源

西方餐桌礼仪起源于法国梅罗文加王朝，由于受到拜占庭文化的启发，而制定了一系列精致的礼仪。到了罗马帝国的查里曼大帝时，礼仪更为复杂而专制，皇帝必须坐最高的椅子，每当乐声响起时，王公贵族必须将菜肴传到皇帝手中。

在17世纪以前，传统习惯是戴着帽子进餐。帝制时代餐桌礼仪显得烦琐与严苛，不同民族有不一样的用餐习惯：高卢人坐着用餐，罗马人卧着进食，法国人从小被教导用餐时双手要放在桌上，但是英国人却被教导不吃东西时双手要放在大腿上。欧洲的餐桌礼仪由骑士精神演变而来。12世纪，当意大利文化影响到法国时，餐桌礼仪与菜单用语变得更为优雅与精致，教导礼仪的著作纷纷问世。时至今日，餐桌礼仪在一定程度和一定范围内，在欧洲国家保留了下来。

当你前往朋友家做客时，穿上体面的衣服，携带适当的礼物，言谈举止处处显现出优雅与涵养，永远都是必要的。

二、西餐礼仪的具体表现形式

1. 衣着、服饰礼仪

在中国，人们在外就餐的衣着没有那么多的讲究，可以穿便装、休闲装,可以穿一件T恤衫和一条牛仔裤,只有在重要的宴会上才穿西装打领带。西方人就餐时穿着得体是常识,在赴西餐宴请之前,要对个人着装进行精心设计,以示对他人的尊重和友好。根据用餐规模、档次不同,参加西餐宴请的着装分礼服、正装、便装3种。

(1)礼服 在隆重的宴会上一般应选择礼服。男士穿黑色燕尾服,扎领结;女士穿拖地抹胸长裙,并配以长筒薄纱手套。

(2)正装 普通的宴会上宜穿正装,即深色特别是黑色或藏蓝色的套装或套裙。

(3)便装 一般性的聚餐,可穿便装前往。浅色西装、西装上衣,以及女士的时装等都在便装之列。

2. 入座礼仪

西方人最得体的入座方式是从左侧入座。当椅子被拉开后,身体在几乎要碰到桌子的距离站直,领位者会把椅子推进来,腿弯碰到后面的椅子时,就可以坐下来。同时西方人的入座位置也与中国人完全不同,他们认为座位有尊卑讲究,女士优先,在排座位时,通常将不熟悉的客人安排在一起,且男女间隔而坐,用意是男士可以随时为身边的女士服务。一般而言,背对门的位置是最低的,由男主人自己坐,面对门的座位是女主人的,女主人右手边的座位是第一主宾席,一般为男士;男主人右边的座位是第二主宾席,一般是主宾的夫人。女主人左边的座位是第三主宾席,男主人左边的座位是第四主宾席(图1-1)。

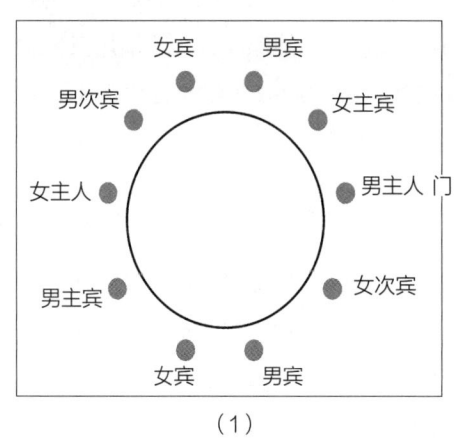
(1)

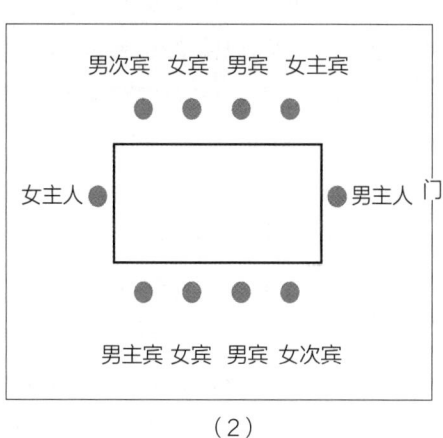
(2)

图1-1 西餐餐桌座次

如果桌子是T形或门字形排列时,横排中央位置是男女主人位,身旁两边分别为男女主宾座位,其余依序排列(图1-2)。

就座时,身体要端正,手肘不要放在桌面上,不可跷足,与餐桌的距离以便于使用餐具为佳。餐台上已摆好的餐具不要随意摆弄。

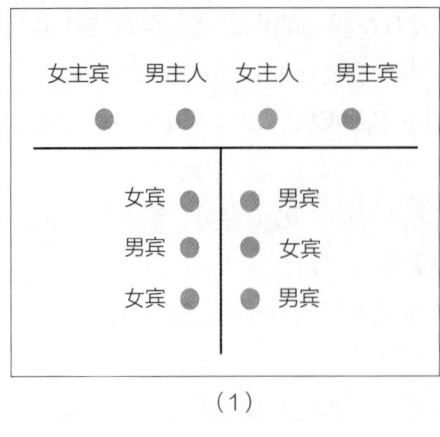
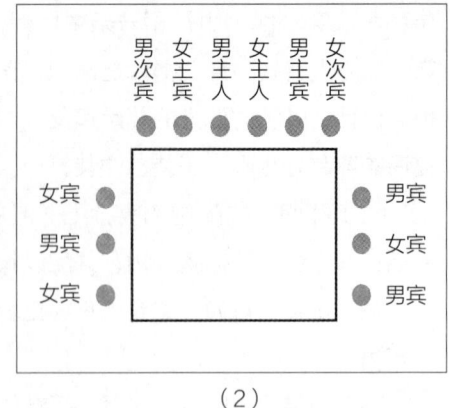

图1-2　T形和门字形桌座次

3. 餐巾使用礼仪

传统的中餐并没有餐巾。只是在用餐之前或是结束时才用温热的湿毛巾来擦洗一下便完了。但是西餐宴会更是一种社交活动，餐巾暗示着宴会的开始和结束，西餐常常以女士为"带路人"，女主人把餐巾铺在腿上是宴会开始的标志，女主人不坐，客人是不能坐的，反之，女主人把餐巾放在桌子上，则表示宴会结束。

就座后应打开餐巾平铺在自己的膝盖上，小餐巾应完全打开，大餐巾只需打开一半，折成对折，或往内折三分之一，让三分之二平铺在腿上，盖住膝盖以上的双腿部分，折口对着自己。最好不要把餐巾塞入领口。

进餐时，如果要跟别人交谈，一定要用餐巾把嘴沾一沾，然后再跟别人说话。餐巾可以擦嘴和手，但是不能擦刀叉，也不能擦汗，更不能用其擦脸或鼻子。如果中途有事回来还要继续进餐，餐巾应放在座椅的椅面上，它表示你到外面有事，回来还要继续用餐。餐巾放在桌子左方，就表示就餐结束。

4. 刀叉使用礼仪

（1）进餐时，餐盘在中间，刀子和勺子放置在盘子的右边，叉子放在左边。刀叉是从外侧向里侧按顺序使用。一般都是左右手互相配合，左手拿叉右手拿刀，切食物时左手拿叉按住食物，右手执刀将其切成小块，用叉子送入口中。喝汤时，则只是把勺子放在右边——用右手持勺。如食用某道菜肴不需要用刀，也可用右手握叉，例如意大利人在吃面条时，只使用一把叉，不需要其他餐具，那么用右手来握叉是简易方便的。

（2）在桌子上摆放刀叉，一般最多不能超过三副。三道菜以上的套餐，必须在摆放的刀叉用完后随上菜再放置新的刀叉。

（3）刀叉有不同规格，按照用途不同而决定其尺寸的大小。吃肉时，不管是否要用刀切，都要使用大号的刀。吃沙拉、甜食或一些开胃小菜时，要用中号刀。叉或勺一般随刀的大小而变。喝汤时，要用大号勺，而喝咖啡和吃冰淇淋时，则用小号为宜。

餐具摆放的位置如图1-3所示。

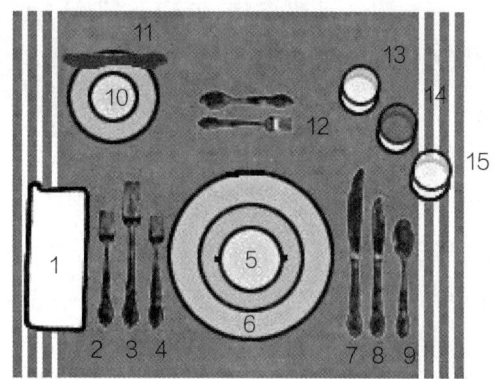

1—餐巾 Napkin　2—鱼叉 Fish Fork　3—主菜叉 Dinner or Main Course Fork
4—沙拉叉 Salad Fork　5—汤杯及汤底盘 Soup Bowl & Plate　6—主菜盘 Dinner Plate
7—主菜刀 Dinner Knife　8—鱼刀 Fish Knife　9—汤匙 Soup Spoon
10—面包及奶油盘 Bread & Butter Plate　11—奶油刀 Butter Knife
12—点心匙及点心叉 Dessert Spoon and Cake Fork　13—水杯 Sterling Water Goblet
14—红酒杯 Red Wine Goblet　15—白酒杯 White Wine Goblet

图1-3　餐具的摆放

西餐中刀叉摆放含义

在西餐中，刀叉的摆放也是有含义的，就餐者的用餐意愿均可通过刀叉的摆放来传达。

（1）我尚未用完餐　盘子没空，如你还想继续用餐，把刀叉分开放，大约呈三角形，叉在左边，叉齿向上；刀在右边刀刃向内，那么服务员就不会把你的盘收走（图1-4）。需要注意的是，不能将刀叉交叉成"十"字形，西方人认为那会令人晦气。

（2）结束用餐　可以将刀叉（叉左刀右）平行放在餐盘的同一侧，叉齿向上，刀刃向里（图1-5）。这时，即使餐盘里还有东西，服务生也会明白就餐者已经用完餐了，会在适当时候把盘子收走。

（3）请再给我添加饭菜　盘子已空，但就餐者还想用餐，把刀叉分开放，大约呈八字形，那么服务员会再给你添加饭菜。

5. 酒水饮用礼仪

在西方人的正餐中，酒水往往占有重要的甚至绝对主角的地位，酒水、酒杯、菜肴三者之间有着十分严格的搭配关系。不同的菜肴要搭配不同的酒水，吃一道菜便要换上一种酒水。不同的酒杯饮不同的酒水，在每位用餐者面前桌面上右边餐刀的上方，会摆着三四只酒水杯。可依次由外侧向内侧使用，也可以"紧跟"女主人的选择。一般香槟杯、红葡萄酒杯、白葡萄酒杯以及水杯，是不可缺少的。西餐中的酒水可分为餐前酒、佐餐酒和餐后酒三类。

图1-4　尚未用完餐的刀叉摆放

图1-5　结束用餐的刀叉摆放

餐前酒，又称开胃酒，常常在开始正式用餐前饮用，或在吃开胃菜时饮用。最受欢迎的餐前酒有鸡尾酒、味美思、香槟酒等。在一般的社交场合中，男士多习惯于饮用威士忌苏打、威士忌调味酒、马提尼等，女士则以饮雪利酒为主。不习惯于饮用含酒精饮料的客人可以果汁、可乐等代替。

佐餐酒，又称餐酒，是在正式用餐时饮用的酒，通常为葡萄酒，而且大多数为干葡萄酒或半干葡萄酒。在选择、搭配佐餐的葡萄酒时有一条重要的原则，那就是"白酒配白肉，红酒配红肉"。所谓白肉，指的是鸡肉、鱼肉和海鲜，食用时应当搭配白葡萄酒。所谓红肉，指牛肉、羊肉、猪肉，食用这些肉类时应当搭配红葡萄酒。

餐后酒，指在用餐之后饮用的酒水，这种酒一般有解油腻、助消化的作用。在餐后酒中，最常见的是利口酒，又称香甜酒，一般为糖液与白兰地混合而成，配以薄荷、可可、香蕉等各类水果制成的香料，如薄荷甜酒和香蕉甜酒等。白兰地是餐后酒中常见的一种，具有浓、香、烈的特点，具有"洋酒之王"的美称。

6. 进餐礼仪

进食西餐时要做到举止得体、姿态优雅，还需注意下列事项：

（1）进餐时坐姿端正，不可伏在餐桌上，也不要将碗碟端起来吃；进餐中不能随意脱下外衣、摘下领带或挽袖、解扣。

（2）用餐应闭嘴咀嚼，口中有食物时切忌说话；不要隔人取食，不要用自己的刀叉取托盘中的食物；避免当众擦、擤鼻涕，剔牙时用手或餐巾遮口。

（3）喝汤时不要啜，吃东西时要闭嘴咀嚼。不要舔嘴唇或咂嘴发出声音。如汤菜过热，可待稍凉后再吃，不要用嘴吹。喝汤时，用汤勺从里向外舀，汤盘中的汤快喝完时，用左手将汤盘的外侧稍稍翘起，用汤勺舀净即可。吃完汤菜时，将汤匙留在汤盘（碗）中，匙把指向自己。

（4）吃鱼、肉等带刺或骨的菜肴时，不要直接外吐，可用餐巾捂嘴轻轻吐在叉上放入盘内。如盘内剩余少量菜肴时，不要用叉子刮盘底，更不要用手指相助食用，应以小块面包或叉子相助食用。吃面条时要用叉子先将面条卷起，然后送入口中。

（5）面包一般掰成小块送入口中，不要拿着整块面包去咬。抹黄油和果酱时也要先将面包掰成小块再抹。

（6）吃鸡时，欧美人多以鸡胸脯肉为贵。吃鸡腿时应先用力将骨去掉，不要用手拿着吃。吃鱼时不要将鱼翻身，要吃完上层后用刀叉将鱼骨剔掉后再吃下层肉，要切一块吃一块，块不能切得过大，或一次将肉都切成块。

（7）喝咖啡时如愿意添加牛奶或糖，添加后要用小勺搅拌均匀，将小勺放在咖啡的垫碟上。喝时应右手拿杯把，左手端垫碟，直接用嘴喝，不要用小勺一勺一勺地舀着喝。吃水果时，不要拿着水果整个去咬，应先用水果刀切成四瓣再用刀去掉皮、核，用叉子叉着吃。

（8）用刀叉吃连有骨头的肉时，可以用手拿着吃。若想吃得更优雅，还是用刀较好。用叉子将整片肉固定（可将叉子朝上，用叉子背部压住肉），再用刀沿骨头插入，把肉切开。最好是边切边吃。必须用手吃时，会附上洗手水。当洗手水和带骨头的肉一起端上来时，意味着"请用手吃"。用手指拿东西吃后，将手指放在装洗手水的碗里洗净。吃一般的菜时，如果把手指弄脏，也可请侍者端洗手水来，注意洗手时要轻轻地洗。

（9）吃面包可蘸调味汁吃到连调味汁都不剩，这是对厨师的礼貌。注意不要把面包盘子"舔"得很干净，用叉子叉住已撕成小片的面包，再蘸一点调味汁来吃，是优雅的做法。

7. 进餐西餐的上菜顺序是：头盘—汤—副菜—主菜—蔬菜类菜肴—甜品—咖啡

（1）头盘　也称为开胃品，一般有冷盘和热头盘之分，常见的品种有鱼子酱、鹅肝酱、熏鲑鱼、鸡尾杯、奶油鸡酥盒、焗蜗牛等。

（2）汤　大致可分为清汤、奶油汤、蔬菜汤和冷汤4类。品种有牛尾清汤、各式奶油汤、海鲜汤、美式蛤蜊汤、意式蔬菜汤、俄式罗宋汤、法式葱头汤等。

（3）副菜　通常水产类菜肴与蛋类、面包类、酥盒菜肴均称为副菜。西餐吃鱼类菜肴讲究使用专用的调味汁，品种有鞑靼汁、荷兰汁、酒店汁、白奶油汁、大主教汁、美国汁和水手鱼汁等。

（4）主菜　肉、禽类菜肴是主菜。其中最有代表性的是牛肉或牛排，肉类菜肴配用的调味汁主要有西班牙汁、蘑菇汁、白尼斯汁等。禽类菜肴的原料取自鸡、鸭、鹅；禽类菜肴最多的是鸡，可煮、可炸、可烤、可焗，主要的调味汁有咖喱汁、奶油汁等。

（5）蔬菜类菜肴　可以安排在肉类菜肴之后，也可以与肉类菜肴同时上桌，蔬菜类菜肴在西餐中称为沙拉。与主菜同时搭配的沙拉，称为生蔬菜沙拉，一般用生菜、番茄、黄瓜、芦笋等制作。还有一类是用鱼、肉、蛋类制作的，一般不加味汁。

（6）甜品　西餐的甜品是主菜后食用的，可以算作是第六道菜。从真正意义上讲，它包括所有主菜后的食物，如布丁、冰淇淋、奶酪、水果等。

（7）咖啡　饮咖啡一般要加糖和淡奶油。

模块二

西餐厨房结构与分工

学习内容

项目1　厨房结构和布局
项目2　厨房组织人员结构
项目3　专业人员的素质要求

学习目的

通过本模块的学习，全面了解西餐厨房的结构和布局、人员组织结构等，了解厨房的管理制度、厨房设计的要求、厨房的职能等。

项目 1 厨房结构和布局

由于西餐烹调方法与中餐烹饪有很大差异,西餐厨房的结构和布局与中餐厨房有很大的差异,特别是在厨房日常运作的流程上,主要表现在西餐厨房特有的结构和布局、厨房的组织结构和工艺流程的特殊性上。

通常厨房设计是由工程、土建和建筑公司共同完成的,但是厨房的使用者必须参与厨房结构的设计和布局的规划,并把日常的工作流程、布局上的建议提供给工程设计方,由他们具体实施。因此,要成为一名合格的厨师,首先必须学习、了解和掌握好厨房的结构设计和布局的原则。

一、合理的厨房结构和布局

合理的厨房结构是指厨房结构、流程的设置能很好地服务于餐厅,最大化地满足餐厅菜肴的制作需求以及最小化的厨师人员搭配、需求等,以达到最大的经济效益。

合理的厨房布局根据餐厅的大小和功能结构来有效地设计厨房加工和生产的部门,最大限度地规划出厨房的整体规模,以提高餐厅的经营面积,从而进一步提高餐厅的经营利益。

厨房结构和布局涉及的知识有合理的厨房结构、厨房的设计、厨房的布局、厨房的组织结构、厨房的工作流程、厨房的工作制度等。其中,合理的厨房结构、厨房的设计、厨房的布局等知识是厨房管理的前提,而厨房的组织结构、工作流程、工作制度等是厨房管理的有效手段。

不同的西餐厨房,其生产、烹饪的功能具有一定的差异性,在名称上也有所变化。西餐厨房可根据大小、经营风格分为以下四种:

(1)西餐厅扒房 包括的部门有肉房、沙拉房、水果房、配菜房、热厨房、扒房、点心房、冰淇淋房、巧克力房、加工房、雕刻房、洗碗间等。

(2)西餐厅厨房 包括的部门有肉房、沙拉房、热厨房、点心房、加工房、洗碗间等。

(3)快餐厨房 包括的部门有沙拉房、水果房、配菜房、成品房、半成品房、热厨房、加工房、洗碗间等。

(4)面包厨房 包括的部门有外卖面包房、餐厅面包房。

二、厨房结构设计中必须考虑的各种关系和因素

1. 生产区域面积的需要量

简单来说，这是指西餐厅前台与后台厨房的面积比例。例如，在西餐厅的设计初期，首先要规划出西餐厅用餐区域和厨房工作区域的大小，一般是4∶1的比例，即要设计一家面积是500平方米的西餐厅，其厨房面积应该是100平方米，而用餐面积应该是400平方米。

2. 建筑结构

有的餐厅在设计规划初期，餐厅位置、大小和形状不规范，就应考虑建筑结构的因素给厨房设计中带来的问题。我们一般可把厨房布局设计成直线形、相背形、L形、U形等，以充分考虑建筑结构对厨房的设计的影响。

3. 食品加工的复杂程度

食品加工的复杂程度是指厨房提供的食品在烹调加工的过程中与厨房的结构合理化分配，重要的是厨房部门设计和加工操作的需要是否配套合理。例如，在一家普通的西餐厅里设计西餐扒房就是不太合理的思路。因为从食品加工的复杂程序来考虑，完全没有必要设计一个提供高档、精致加工食品的扒房来配合普通西餐厅菜肴的生产流程。

4. 生产方法和设备

这是指生产方法要和设备相匹配。例如，设计一家西式快餐店，选用的西餐设备要满足西式快餐的生产方法，选用能批量、快速地加工制作菜肴的设备。在厨房的区域划分上也应该简洁明了，以划分出更大的空间来存放食物和原料。

5. 餐厅经营的类型和特点

厨房设计中必须考虑餐厅的特色需求和厨房烹调工艺流程的关系。在综合性西餐厅、法式西餐厅、西式快餐厅、咖啡厅、酒吧的设计上必须考虑餐厅经营的类型不同，需要的厨房结构功能也不同。在设计、规划厨房的合理结构时应该考虑厨房的类型和特点，以便更好地规划厨房和前厅的比例关系、厨房设备结构和布局的关系。通常厨房结构的主要区域包括原料接受、储藏及加工区，烹调作业区，备餐洗涤区等，但有时也要考虑厨房类型和特点的关系，以便加以修改和调整。

6. 厨房设计要符合卫生和安全的要求

厨房生产的食品是消费者直接食用的，所以卫生是头等大事。在装修设计、设备采购上要注意卫生清洁。厨房的安全主要包括四个方面：一、采购原料自身的安全；二、厨房整个生产环节的安全，以确保生产的菜点无变质、无污染、食用安全；三、烹饪原料的防盗措施的安全；四、厨房工作人员的人身安全，包括水电火的安全。在设计上要注意各方面安全。

知识拓展

我们还要考虑工作气氛的营造,主要包括:厨房毛坯样的高度在3.8~4.3米,顶部要求做到防火、防潮、防水滴,厨房的地面要求做到防滑、耐压,而且要求有15‰~20‰的坡度,照明要求充分,温度冬天在22~26℃,夏天在24~28℃,人体较适宜的湿度为30%~40%,而且要加强排水、排污功能。

项目 2 厨房组织人员结构

一、厨房组织结构

为了酒店的营销运作，根据生产目标控制生产过程的浪费，制定切合实际、有用的组织结构，建立明确的岗位分工，将人员进行科学的劳动组合，使每项生产都有具体的人直接负责。

设计厨房组织机构最终目的是有效地组织生产，使厨房各部门运转正常，各项工作都有人负责。对岗位规定工作职责、组织关系、技能要求、工作程序和标准，使岗位的每个员工都明确自己在组织中的位置、工作范围、工作职责和权限，知道向谁负责，接受谁的督导，同谁在工作上有必然的联系，工作要承担的责任。

二、常见大型酒店或餐厅厨师组织结构设置

餐厅厨房组织结构如图2-1所示。

（1）行政总厨　负责酒店所有餐厅、厨房的经营和管理。

（2）厨师长　有中餐厨师长、西餐厨师长、韩餐厨师长等岗位。西餐厨师长负责西餐厨房的生产经营和管理。

（3）主管　有热炉主管、冷菜主管、饼房主管等岗位。各部门主管接

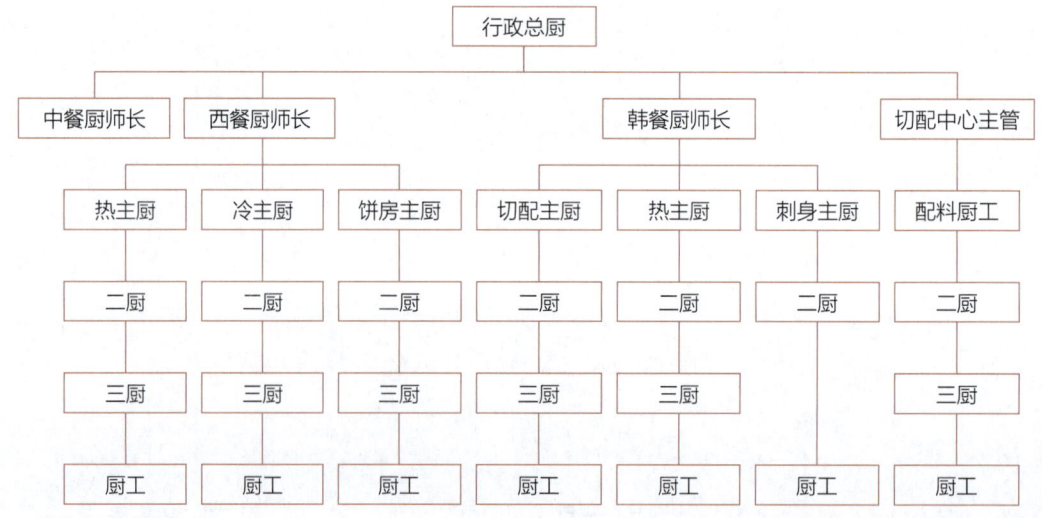

图2-1　厨房组织结构图

受厨师长的领导，监督、指挥下属领班的工作。

（4）领班　有热炉领班、沙拉房领班、粗加工领班、西点领班、砧板领班、肉房领班、面包房领班、水案领班等岗位。各部门领班接受主管厨师的领导。

（5）厨师　严格遵守各项制度，完成日常的基本工作，接受领班的领导和监督。

三、厨房的工作流程

1. 厨房工作流程的设计

厨房工作流程是指在厨房生产和加工过程中的工艺流程和顺序。厨房工作流程的设计是一个十分系统的工程，一般包括厨房的布局、岗位设置、工艺加工流程、工作顺序等几大系统的整合。西餐厨房工作流程的设计是很重要的，一个理想的厨房设计方案，不但可以使厨房空气清新、环境卫生，厨师们在烹调过程中能够得心应手，而且可以使厨房各部门之间能够相互协调，操作顺畅，缩短工作时间。相反，非专业的设计，由于各区域设计不合理，设备摆放混乱，排烟通风、给排水设计不到位，工作行走路线规划不合理，很容易造成厨房环境脏乱差，在操作过程中导致食物交叉污染，甚至引发食品卫生安全事故。当然，厨房工作流程的设计还必须考虑厨房大小、人员、设备等因素。

2. 常见厨房工作区域与职能

（1）切配中心　主要负责厨房的所有原料的采购、申领、加工，其主要的工作内容是按照一定的标准生产运作，再分别供给各个厨房烹调。

（2）备餐间　备餐间（图2-2）是厨房与餐厅的第一结合部，是客人点菜后服务员下单的地方，也是服务员出菜的地方。备餐间一般设有出餐台、预备台、餐具回收台、一般洗涤台和垃圾回收台等，以便接受服务员点菜单、端菜出菜、回收餐具等工作。备餐间一般设置通往厨房和餐厅的两道门，但是不能正对，有一定的缓冲空间，避免厨房气味传入餐厅或是就餐客人看到厨房。

（3）沙拉房　沙拉房由拼配部、加工部和雕刻部组成，负责

图2-2　备餐间

整家餐厅的沙拉、肉盘和食品的雕刻装饰,以及水果拼盘的制作和加工。开餐前检查所有烹饪原料是否准备妥当。负责宴会及团体餐的出菜、烧烤、切配、打荷、汤锅,以及与面点厨师搞好协作,安排好出菜顺序。工作完毕后,负责检查厨具、用具是否整齐清洁,保证一切烹饪原料安全储存,场所卫生干净,各种能源开关安全关闭。

(4)热菜出菜房 热菜出菜房(图2-3)由汤部、配菜部、烧烤部、煎扒部和少司部组成,负责整家餐厅的热菜的制作和加工。开餐前检查所有烹饪原料和调味汁是否准备妥当,检查炉头各岗位的准备工作,负责宴会及团体餐的出菜顺序、烹调工作。工作完毕后,负责检查厨具、用具是否整齐清洁,保证一切烹饪原料安全储存,场所卫生干净,各种能源开关如水、电、气、油安全关闭。

(5)洗碗房 洗碗房(图2-4)由垃圾清理部、清洗部、洗涤部、消毒部和餐具存放部组成,负责餐厅的餐具、酒具和厨房的简单工具的洗涤工作,负责餐厅餐具的保管和存放。工作完毕后,负责检查餐具数量,场所卫生干净,各种能源开关,如水、电是否安全关闭。

(6)西点房 由西点部、面包部、巧克力和冰淇淋部组成,负责餐厅的西点面包及甜品的制作和加工。开餐前检查所有烹饪原料和调味汁是否准确妥当,检查各岗位的准备工作,负责宴会及团体餐的出菜顺序、烹调工作,工作完毕后,负责检查厨具、用具是否整齐清洁,保证一切烹饪原料安全储存,场所卫生干净,各种能源开关如水、电、气、油安全关闭。

(7)库房 库房由成品库、半成品库、原料库、调味品库、保鲜库、冷冻库组成,主要是厨房的一切原料的保存与保管,还包括厨房的成品、半成品的保存与保管。

(8)办公房 办公房由消毒部、办公部、更衣部组成,是员工上班前消毒、签到、更衣的场所,也是厨师长办公的场所。

(9)进货房 进货房由验收部、办公室、总库房组成。

图2-3 热菜出菜房

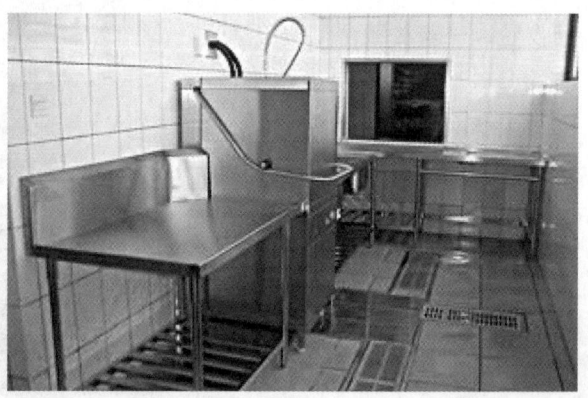

图2-4 洗碗房

附：岗位职责案例

餐饮娱乐厨房部岗位职责

主题：	行政总厨	执行日期：	2011-01-01
编号：	FE-01	发布人：	行政总厨
页数：	第一页	批准人：	总经理

工作职称	行政总厨
部门	餐娱部
分部门	厨房
汇报	餐饮总监
主管	各分部厨师长
协作	宴会厅经理，餐饮副经理，成本控制，采购

基本职责

全面负责厨房的组织、指挥和运转管理工作，通过设计和生产富有特色的菜点产品吸引客人，并进行食品成本控制，为饭店创造最佳的社会效益和经济效益。

任务

1. 计划控制整个厨房食品制作的成本和人员的安排；
2. 安排各个厨房的菜单及检查订购食品；
3. 对食品定量及质量估计，验收；
4. 复查菜单，分析决定配方，人员控制，餐饮总监及成本控制员决定菜肴的售价；
5. 制定市场菜单及食品质量和数量；
6. 计划整个食品制作，预计客人数及配备食品数量，制定菜单，满足本地和外国客人的要求；
7. 规划多余的食品再循环利用；
8. 根据宴会订单制作食品（从宴会厅经理处）；
9. 与采购经理合作，利用本地原料替换进口原料；
10. 确保所有食品的准备工作是根据酒店的标准；
11. 控制成本，达到最小破损率，保持足够的食物及剩余财产的控制；
12. 检查所有厨房设备，确保它们运作正常，确定哪些设备需要修理，多余的部分归还；
13. 对厨房设备，部分所需要的食品进行采购；

14. 检查所有厨房设备的清洁情况，食品项目部分的需要格外仔细检查；
15. 制定部门主厨及厨师长的工作时间表；
16. 制定厨房工作时间表，控制人员安排及工资发放（根据生意情况）；
17. 根据各个厨房制定招聘和培训员工原则；
18. 需在员工表扬信及过失单上签名；
19. 经常与员工沟通和参加培训，根据酒店管理层指示，亲手示范新的配方和展示烹饪方法；
20. 经常向餐饮部经理汇报厨房情况；
21. 有特殊的客人及特别的菜肴时，与客人及宴会厅沟通；
22. 巡查厨房卫生，检查食品的制作过程；
23. 与其他部门经理具有相同职责。

工作要求

1. 具有星级酒店管理经验8年以上；
2. 尽职尽责，有高度的责任心；
3. 有较强的管理能力。

项目 3 专业人员的素质要求

在现代餐饮企业里，企业成功的关键是员工素质。厨房作为现代餐饮企业里最重要的一个部门，其员工素质的好坏是企业能否成功的关键。在西餐行业里对厨房员工素质的要求就更高，主要体现在员工的基本的职业道德和职业素质。

一、西餐厨师的素质

（1）西餐厨师必须具有中等文化知识基础，能了解不同国家和地区客人的风俗习惯、宗教信仰、民族礼仪和饮食喜忌，具有一定的口头和书面组织、表达能力。

（2）西餐厨师要掌握基本的成本核算和控制方法，具有查看和分析有关财务报表和成本控制的能力。熟悉西餐各种烹饪方法，懂得多国的菜系。

（3）西餐厨师还要有基本的英文读写能力，特别是对英文的烹饪原料和制作方法的基本知识以及英文菜单的掌握。

（4）西餐厨师要懂得营养的搭配组合，掌握食物中毒的预防和食品卫生知识。

（5）西餐厨师要熟练地掌握烹调工艺和原料学等知识；熟悉烹饪设备和工具的使用和基本维护。

（6）西餐厨师还要有一定的色彩搭配及食物造型艺术造诣，掌握一定的实用美学知识，才能开发出好的菜肴。

二、西餐厨师职业道德

（1）西餐厨师必须有很好的职业道德和职业观。能做到爱岗敬业，具有积极的工作态度和较高的文化素质，并且具有较高的职业技能水平。

（2）西餐厨师必须热爱烹调工作，要勇于突破自我，有研制、开发受客人欢迎的菜肴新品的能力。

（3）西餐厨师还要有良好的卫生习惯和正确的工作态度；能吃苦耐劳、任劳任怨。

（4）西餐厨师还具有服务大众的崇高理想，满足大众的需求、守时、奉献社会、服务社会；能严格遵守各项规章制度。

三、专业化的厨房工作制度

专业化厨房的工作制度是每一位厨房工作人员在生产中必须遵守和执行的基本规则,是厨房管理工作中的质量标准体系。厨房的工作制度一般包含较多项目,并且贯穿工作的整个过程,是人人必须遵守的制度性要求,也是厨房员工的基本行为准则。

四、纪律处分

(1)厨房员工上下班必须打卡,并应预留充分时间更换制服,以便准时到达工作岗位。

(2)严禁员工替代他人打卡,严格考勤。

(3)服从上级领导,认真按规定要求完成各项工作。

(4)厨房员工在工作时间应坚守工作岗位,不得擅自离岗。

(5)为保证清洁,保持一个良好的工作环境,提高员工工作效率,工作时间不得在非吸烟区吸烟,不得喧哗、聊天。

(6)厨房员工不得接受供货商的馈赠。

(7)严格执行各项厨房制度。

在厨房中除了人员管理以外,人员激励也是很重要的,好的激励可以激发员工的创造力。在这里给大家介绍几种激励方法:物质激励、精神激励(主要是表扬)、领导行为(主要是领导的带动性)、工作丰富化(要员工放手去做,要其在团队中有成绩)。

模块三

西餐厨房常用设备（工具）及西餐烹调技法

学习内容
项目1　厨房设备介绍
项目2　烹调的基本原理介绍

学习目的
通过本模块的学习，了解厨房的常用设备并且掌握常用烹调设备的使用原理及其用途。

项目 1
厨房设备介绍

在我们学习细节知识前有必要先了解一般厨房设备的用法。

1. 厨房加工设备具有危险性

现代化的食品烹调加工设备能力非凡,但也很可能会烧伤、砍伤、压伤、切伤甚至截掉人的肢体和其他部位、器官。这听起来有点耸人听闻。但我们的目的不是要威胁、恐吓您,而是提醒您注意安全生产,严格遵守操作规范。

一定要在弄懂了设备的操作程序和特点之后再使用它。一定要懂得设备在什么样的情况下发生了故障,一旦发现故障,要立即关掉设备的电源,停止运行,并向有关上级人员报告。

2. 各种模型都具有独特性

不同的制造商都会在原有模型的基础上略作变动,例如,所有的对流烤箱基本操作原理都是相同的,但各种类型都有细微的差别,有的可能是开关位置不同。因此,您要认真研读操作说明,熟悉每个操作细节和规程。如果能聆听有熟练操作经验的人的教导,将大有收益。

3. 清洗是使用设备的重要部分

定期彻底地对设备进行清洗是设备保养中一个非常重要的环节。多数大型设备都可以拆卸,以便于清洗。再次提醒注意,各种模型都会有所不同,操作说明会给您提供细节信息。如果购买设备时没有附带操作说明,必须先向熟悉设备情况的人了解清楚,再进行拆卸清洗。

4. 注意节约能源

通常厨师们一日工作的开始都是先打开烹饪设备,然后一开就是一整天。

当今能源紧缺,这种做法造成了能源消耗量的增加和费用的增大,好在现代化的设备预热时间很短,因此了解设备的预热时间是非常必要的,这样您就不必早早地打开机器,从而减少了能源的消耗。

另外还要注意生产的计划性,以便合理地使用设备,节省能源。

5. 手工有时是最完美的工具

使用机器设备只是为了节省劳力。通常,一些专用设备之所以能节省劳力,是因为其处理量大的缘故。如果处理少量的食品,用手工操作反而更快些，这就是厨师为什么需要熟练的手工操作技巧的原因。比如将1千克的洋葱切成条，若使用机器操作，您要先安装切片部件，然后再将洋葱一个个输送到里面，切完后，还要将它拆下来，清洗，这一套工作下来所消费的时间反而更多，而用手工操作则更节省劳力。所以，不要忘记发挥您双手的作用。

一、烹调设备

（一）灶

在厨房中灶仍是最重要的烹调设备，尽管它的许多功能已被其他一些设备所取代，如蒸柜、蒸锅和烤箱。

灶的种类如下所示。

1. 明火灶（图3-1）

分电灶和煤气灶。

优点：加热速度最快，用后容易关掉。

缺点：每个燃烧口一次只能使用一只锅，烹调量有限。

2. 平顶灶或保温灶（图3-2）

燃烧口处用钢板覆盖。一次支持多个锅，烹调量大且可支持重物或保温。

3. 重型平顶灶

这是一种用重钢罩罩住燃烧口的灶，灶上面可同时支持许多分量很重的锅。这种厚顶锅预热时间长，但可以调节其热量。需要不同热量的锅，可以放在顶上的不同地方。

4. 电磁感应炉灶

这是一种新型的平顶灶，已经逐渐在商用厨房里占有一定地位。这种厨具本身不热，通过使用钢或铁分子进行磁化运动的方式为厨具加热。这种做法可大大节省能源，并且由于只有锅或盆及内装的食品热了，所以厨房可以

图3-1 明火灶

图3-2 平顶灶

保持凉爽。灶表面不热,也没有明火,不需预热。炉灶可迅速开闭。

缺点:只能使用钢、铁制锅。传统的铝或铜制锅不能使用,有些炊具制造商已经应此要求对铝制锅和盆用不锈钢加上涂层,这样导热良好的铝制品就满足这一新兴科技的要求了。

注意事项

(1)要注意确保打开煤气开关前点火器已点燃,如果点火未着,要关掉煤气,并保持通风一段时间,再点燃。

(2)调节好火力,保证最大火力时火苗为蓝色焰身,白色焰尖。

(3)若未烹调食物,平顶灶不要保持高温,否则会损坏平顶。

(二)烤箱

烤箱和炉是传统厨房中最常用的两种厨具,这就是为什么这两种厨具总是出现在同一设备上的原因,烤箱通常是内嵌式的,通过燃烧、微波、红外线辐射等产生热量,给食物加热。除能烤制食物外,烤箱还具备灶的一些功能。食物可在烤箱里炖、煮、文火炖,这样可以节省时间、空间,使厨师有时间去做其他工作。

除了这里即将介绍的一些烤箱外,还有许多其他种类的烤箱,有的适宜特殊用途,有的适宜大量制作,如传送带上的烤箱,用来把在钢制传送带上的烤箱里烹调的食物运送到其他地方,储存式烤箱或保温炉可以长时间保温多种食物,直到送到餐桌上(包括可以先烹调然后自动保温的烤箱)。还有适合大批量制作的烤箱,其容量大,可以将满载食物烤盘的手推车直接装入炉内烹调。

1. 普通型烤箱

这种烤箱主要通过燃烧产生热量,在封闭式的空间里烹调食物。最常见的烤箱是与炉连在一起的。层架烤箱是由一层层的钢架摞在一起组成的(图3-3)。烤盘直接放在烤箱板上,而不是放在金属层架上,每层的温度都可以调节。

注意事项

这些注意事项也适宜其他种类的烤箱。

图3-3 普通型烤箱

(1)烤箱充分预热,但不要超时以节约能源。

(2)避免能量损失,不要中途停炉,不需要时不要打开烤箱。

(3)注意各层间和食物间要留有空隙,以利于热量流通循环。

(4)打开煤气开关前要看看点火器是否已点燃。

2. 对流式烤箱

这种烤箱内装有风扇以利于烤箱内空气对流和热量传递，因此食物加热速度快，各层间的空隙可更小些，对流式烤箱节省空间和能量（图3-4）。

注意事项

（1）多数食品的制作温度只需在15～30℃之间，比普通烤箱所需温度低，请参考制造商推荐的温度指标。

图3-4　对流式烤箱

（2）注意烹调时间。由于这种烤箱加热速度快，若超时，食物很可能干硬，而且烤制食品的收缩性比普通型大。

（3）多数对流式烤箱在运行时，不要将鼓风机关掉，否则会烧坏电机。

（4）对流式烤箱的强热量会使一些松软的食品变形，如蛋糕可能会出皱。制作这类食品时，请参见制造商推荐的时间和温度指标。

3. 旋转式烤箱

这种大型炉具也称卷式烤箱，在大大的炉膛内一个转轮型的装置上摆放有好多层的架子或烤盘，这种装置可以来回转动，避免了炉内热量不均匀的现象。旋转式烤箱主要用于烤制面包和需大量制作的食物。

4. 慢烤和保温烤箱

一般来说普通型烤箱只相当于安装了一个温度计的加热烤箱。而现代的烤箱要先进得多，有多种使用功能。比如它有电脑控制系统和特殊的探测器，可以分辨出烤制的食品是否烤好，如果烤好了，可以自动发出指令，把炉内的温度调整到保温温度。

许多这类的烤箱主要用于低温烤制食品。它敏感的控制系统可以使烤箱稳定在95℃或稍低一点的温度进行烤制，烤好后，还可以自动调节到60℃长时间地保存食物。大块的肉以低温95℃烘烤时需要好几个小时，这种烤箱，可以预先设定烘烤时间，甚至可以过夜烘烤，而无须看管。这种烤箱也很普及。

5. 多功能式烤箱

这是一种比较新型的烤箱，具有3种功能，它可以当作对流式烤箱，也可以当作蒸柜，且可以同时使用两种功能，当作高温烤箱可随时往烤箱内加入湿气，以减少收缩和干化。

6. 烧烤烤箱或烟熏烤箱

烧烤烤箱与普通烤箱非常相似，只有一点不同之处是：烧烤烤箱会产生烟，围绕在食物周围，给食物添加味道，并且要根据制造商的要求，不同型号、不同品牌的烤箱使用不同的木炭、木柴，如有的要求用山核桃木，有的要求用牧豆木，还有的要求用果树木柴，如苹果树、樱桃树等。这种烤箱与一般加热器一样简单,都是使热量达到一定的高度,既可使木炭产生烟,又不使木柴燃烧起来产生火焰。

不同类型的烤箱,具有不同的特点。有的为无烟烧烤,有的为冷烟循环,有的为储存循环。

7. 红外线烤箱

这种烤箱内装有石英管或石英板,产生强烈的红外射线,主要用于化解冷冻的食品(图3-5)。它能在很短的时间内使大量的食物达到可食用的温度,热量均匀,可以调节。

图3-5 红外线烤箱

8. 微波炉

这种炉具中装有特制的电子管,能产生微波辐射,使食物内部产生热量。

图3-6 墙上明火烤炉

(三)烤炉

1. 墙上明火烤炉

墙上明火烤炉有时也被称作上火烤炉或炙烤炉,以避免与架烤炉混淆。墙上明火烤炉从食物上方产生热量,食物放在热源的下方,牛排、猪排、鸡排多用这种方法制作(图3-6)。

整型墙上明火烤炉,产热量高,耗电量大,有的大功率的墙上明火烤炉甚至可以达到1100℃的高温。

撒拉曼达是一种小型的墙上明火烤炉,主要用来给食物的表层上光上色。也可在非用餐高峰期烹调少量的食品。撒拉曼达常放在炉灶的上方。

加热时一定要密切注意食物的状况,防止烧焦。加热温度主要靠调节食物托盘的高度来控制。

2. 架烤炉

架烤炉与墙上明火烤炉的功能相似,只是架烤炉的热源一般来自装食物的架烤炉的下方。许多人都喜欢烤制的食物,因为动物脂肪在架烤炉上产生的烟会使食物产生一股焦炭的芳香味道。

架烤炉有许多不同的类型,主要按其使用燃料的不同而分为电架烤炉、煤气架烤炉和木炭架烤炉。

架烤炉的正确使用方法是首先调节架烤炉的温度,将架烤炉调节到不同的温度点上,然后将不同的食物放在所需温度适宜的地方,要保持架烤炉的清洁,因为高温常常会引起油脂起火。

3. 平烤炉

平烤炉为扁平光滑的加热设备,食物可放在上面直接加热。薄烤饼、法式吐司、汉堡包和许多肉、蛋、土豆类菜肴都用平烤炉来加工。平烤炉既可单独使用,也可以作为灶的一部分来使用。每次用完平烤炉后都要及时清洗以使其高效运行。用平烤炉布擦拭表面,直到发亮为止,抹掉上面的残渣,以免出现划痕。

每次清洗完平烤炉后或使用平烤炉前都要给平烤炉润滑,使其表面光滑,不粘东西,防锈,其操作程序是先在平烤炉表面放少量的油,均匀铺满表面各部分,加热到200℃,然后擦干净,再重复此程序直到表面光滑、不粘黏为止。

4. 电转烤肉机

用电转烤肉机烹调是把食物放在电、气的加热设备前通过慢慢地转动食物来完成的。虽然传统的烹调理论中包括了烤这类转动喷射的烹调方法,但用电转烤肉机烹调一般属于炙烤,因为食物是通过红外线产生的热量给食物加热的。电转烤肉机主要适用于烹调鸡鸭等禽类食物,但也可烹调穿在肉钎上的其他肉类食物。电转烤肉机一般有全封闭式的和不封闭式的两种。小的电转烤肉机一次可装8只鸡左右,大的可装70只。

由于热源来自于旁边或上方,所以油汁不会滴落到火焰中,而是被盘接住用来调汁。

(四)炸炉

炸炉(图3-7)只有一种功能,即在热油中炸食物。因为油炸食物颇受人们喜爱,这种烹调食物的方法是极为重要的。

一般以电、气为能源加热,内有类似于恒温器的设施,调节温度使其保持在所需的温度上。

自动炸炉可自动将炸好的食物拿出来。高压炸炉利用高压在盖有盖的炸盒内炸食物(常称软炸,能把骨头炸软炸酥)。在油温很低时也可炸好食物。

图3-7 炸炉

注意事项

有关炸的操作方法后面会讲,这里我们讲设备的操作方法:

(1)在往炸槽内加固体油脂时,将温度调到120℃,直到脂肪全部融化并达到没过加热的食品为止。

(2)油要没过刻度线。

（3）在往空炸槽里加油时，过滤阀要关掉。

（4）用温度计定时检查温度。

清洗

不同炸炉的清洗步骤有很大的不同，这里说的是普通的炸炉：

（1）关闭阀门。

（2）把油过滤到一个干的容器中（或倒掉）。要确保这个容器可以装下所有的油。

（3）用滚烫的油冲去炸炉各处的食物残渣。

（4）使用柔和型洗涤剂刷洗内部。

若炸槽是固定的，将炸炉打开，把洗涤剂烧沸，不要让泡沫溢出。然后用硬刷刷洗。

（5）刷洗后用清水冲洗。

（6）擦干并晾干炸槽、加热器和炸框。

（7）重新装入刚倒出的油或新油。

（五）倾倒式锅

倾倒式锅也称倾倒式煎盘，它用途广泛，效能高，可以当作平烤炉、煎盘、焖锅、汤锅、蒸锅、汤炉、蒸汽台等。

倾倒式锅是一种大而浅的平底锅，也可以说是一种带盖的周边边高15厘米的平烤炉，它有倾倒机制，可使锅内溶液流出。

每次用完后要及时清洗，不能等到食物残渣干在里面，清洗时重新注入水，打开锅加热，彻底清洗。

（六）蒸汽锅

1. 蒸汽夹层锅

蒸汽夹层锅有时也被当做是两旁和底部同时加热的汤锅，这种比喻不完全准确，因为蒸汽夹层锅加热速度更快，比灶上的锅有更多的热量，更容易控制。

蒸汽锅的容量从2加仑到100加仑，超大型的可装4000加仑（1加仑＝3.785升）。倾倒式蒸汽锅可以旋转转轮或拉动杠杆，将锅内物质倒空，非倾倒式锅则通过底部的龙头和过滤嘴漏空。热量通过调节蒸汽流量或恒温器来控制。蒸汽可以外部提供也可以内部生成。

在操作各种产生蒸汽的设备时，都要小心谨慎，以防烫伤。

每次用完后要及时清洗，以防食物残渣干在里边。将龙头和过滤嘴拆下来用瓶刷清洗。

2. 蒸汽蒸煮锅

蒸汽蒸煮锅是烹调蔬菜和其他多种食物的理想厨具，因为它烹调时间短，从而减少食物中营养成分的丧失和变味，正因如此，它使用得越来越普遍。

压力蒸柜分为高压和低压两种，高压每平方英寸（1英寸＝2.54厘米）受力达15磅，低压每平方英寸受力达4～6磅，压力蒸柜上装有计时器，达到所需温度即可自动关闭，只有当压力回到0时，门才能被打开。

无压力蒸柜或对流蒸柜，不需高压，食物本身产生的蒸汽即可加速热量传递，其原理同对流烤箱中的风扇。门可以随时开启。

所有蒸柜都使用标准的蒸盘（20厘米×50厘米）装食物，但蒸柜容量大小不同，小的只能装一个盘，大的可装多个。

各种类型的蒸柜操作方法各不相同，仔细阅读操作指南，熟悉操作规程后再操作。

使用蒸汽设备时要小心谨慎，以防烫伤。

二、加工设备

（一）搅拌机（图3-8）

立式搅拌机是面包房和厨房中重要的工具，用途广泛，可做各种食品的搅拌和食品加工工作。

1. 种类

长椅形搅拌机处理能力从5夸脱到20夸脱。地板型搅拌机更大，最多可处理140夸脱（1夸脱＝0.96升），可以在一台机器上安装不同型号的搅拌桶，多数的搅拌机都有3种速度。

图3-8　搅拌机

2. 搅拌机部件

搅拌机有3个主要部件（抽子、搅拌桨、面团臂），有的还有其他一些专用部件。搅拌桨呈扁平的铲子状，主要用来搅拌，金属丝抽子用来搅拌奶油、蛋和制作蛋黄酱，面团臂用来搅拌和揉捏发酵面团。

注意事项

（1）开动机器前，要固定好搅拌桶和各部件。

（2）检查一下搅拌桶型号的大小与部件的大小是否相符。若不符，则会造成重大损害。搅拌桶的型号（夸脱数）标在旁边，部件的型号标在上端。

（3）在擦搅拌桶、往里插勺子、刮板或伸手之前，要先停机，搅拌机功率特别大，小心造成严重伤害。

（4）变速前要先停机。

（二）粉碎机

食物粉碎机又称切碎机，是用来切碎原料的设备，其种类繁多，用途广泛（图3-9）。

图3-9　粉碎机

操作方法：

旋转桶内的原料使之被快速旋转的刀切下，原料被切割的质量好坏取决于原料在机器中时间的长短。

注意事项

（1）使用前确保机器的各部件已安装妥当。

（2）开机前，要将盖上的锁锁好。

（3）机器转动时一定不要将手伸到机器里。

（4）若切制相同规模的原料，可将原料一次性放入桶中。

（5）刀要锋利，刀钝会捣烂蔬菜和肉类食物，而使粒状不规则。

（三）食物搅拌机和切碎机的附件

下面这些附件既适用于切碎机也适用于立式搅拌机。

1. 食物研磨器（绞肉机）

主要用来搅碎肉。原料从一个直管中送到一个搅拌齿轮中，搅拌齿轮将原料从许多小孔洞里推挤到一个盘里，在盘中由旋转的刀片切碎。这些小孔洞的大小决定了切碎的程度。在安装食物研磨器时，要确保刀片安装稳妥，刀刃朝外（图3-10）。

2. 切碎机附件

由一个漏斗和一个控制杆组成。控制杆主要用来将原料送进一个旋转的盘里切成碎片，并将切好的食物送到一个容器中。用切片盘切时，其厚度可以调节（图3-11）。

3. 将原料挤压通过刀刃切碎，可用不同的刀刃切成不同规格的丁。

（四）切片机（刨片机）

切片机（图3-12）是一种非常有价值的工具，因为用切片机削的食物厚度均匀，大小一致。切片机对于控制用量、减少损失很有价值。

种类

多数现代切片机的刀片都倾斜一定的角度，这样切下的片不容易破碎或打卷。

手工操作机器时，操作人员必须前后拉动抬架来切削食物。自动切片机用电动机带动台架前后移动。

图3-10　食物研磨器

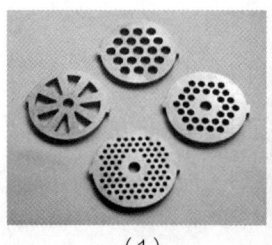

（1）

（2）

图3-11　切碎机附件

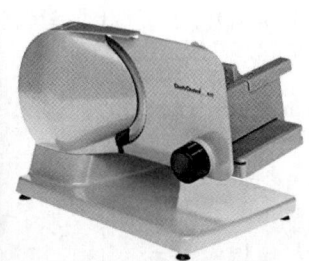

图3-12　切片机

注意事项

（1）使用前，确保机器安装稳妥。

（2）要用机器托住手柄根部力量挤压食物进行切削，这样可以避免手部受伤，也可使食物受力更均匀，切出来的片更整齐一致。

（3）机器停用或进行清洗时，要将调节肉片厚度的按钮定位在0位上。

（4）拆卸和清洗机器时要将电源插头拔下来。

（5）利用随机携带的磨石磨刀片，保持刀片锋利。

（五）立式切割机（VCM，Vertical Cutter/Mixer）和食品处理机

VCM相当于一个大型的、速度快的搅拌机。主要用来快速切碎和搅拌大批量的食物，还可用来搅拌液体物质。

VCM型号很多，大到80夸脱，小到15夸脱。小型VCM有手动的混合挡板，将食物送到刀片下。大型VCM有全自动的挡板。

食品处理机早在家庭使用前，在欧洲大陆的餐饮业中就使用了，专业使用的型号比家用的大2～4倍。由于它比VCM小，不适用于大量加工，主要适用于一些比较特殊的工作，如搅碎做冷盘用的生肉、鱼肉。

注意事项

（1）严密监控加工时间。其加工时间很短，哪怕是只多一秒钟也会使食物变样。

（2）使用前确保机器安装妥当。

（3）关掉机器时，要等到刀片完全停止，再打开盖子。

（4）保持刀片锋利。钝刀片会捣烂食物。

三、保存与储藏设备

（一）热食品的保温设备

使热食品保温的设备有多种类型。这类设备一般使食物保持在60℃以上，防止细菌生长导致疾病。因食物将来要在这个温度继续烹饪，所以储存时间不宜长。

（1）蒸汽台是餐饮业中常见的保温设备。它使用内嵌式标准型号的平底盖锅盛装食物。

要定时检查蒸汽台中的水，避免烧干（也有使用电不需用蒸汽的蒸汽台）。

（2）汤炉是一个大的热水槽，装食物的器皿被放置在安装在浅水池里的架子上，池里的水用电、煤气或蒸汽加热。汤炉多用在食品制作区，蒸汽台多用在服务区。

（3）红外线灯多用在服务区，它使盘中食物保温，也可用来使大块烤制的食物（如火腿）保温。在红外线灯的照射下，食物很快就会变干，这一点对于大多数食物来讲都是不利的，但对于炸薯条和其他炸制食品来讲却是有

利的，这些食物放在有潮气的地方就会不脆。

（二）冷食的储存设备

食品质量的好坏很大程度上取决于冷藏冷冻设备的好坏。冷藏箱能使食品保存在4℃以下，防止细菌生长、食物受损变质。冰箱则用来长时间保存食物或冷冻食品。

冷藏冷冻食品设备的种类型号多种多样，在此不宜一一描述。

要使冰箱和冷藏箱高效运转，必须注意以下几点：

（1）食品之间的摆放要留有空隙，不要靠在冷藏箱的内壁上，以利于冷空气对流流通。

（2）关闭门。拿进拿出食物时动作要快，拿完后立即关上门。

（3）储存的食品要盖好、包好，避免变干或串味。

（4）保持箱内清洁。

四、锅、盘及其他容器

（一）金属材料及其导热性能

良好的烹调器皿导热均匀。若导热不均匀，就可能使器皿的某一部位过热，烧糊或烧焦食物。影响器皿导热均匀与否的因素有两个：一是金属材料的厚度。用厚金属制成的锅比用薄金属制成的锅受热更均匀，尤其是底部的厚度最为重要。二是金属材料的种类。不同的金属导热性能不一样，即传热速度不同。用于制作烹调器具的材料有以下几种。

1. 铝

铝制器皿是常用的烹调器具，它具有良好的导热性能。重量轻。因这种金属很软，不宜经受撞击和过度使用。铝制的器皿不宜储存食物，也不宜用来长时间地烹调强酸性食物，它会使食物发生化学反应，而且容易使沙司一类的浅色食物变色或褐色，尤其是用蛋抽或勺搅拌过的食物。

用经过阳极化处理的铝制作的平底浅锅表面坚硬、耐腐蚀，这种制品虽不能算是不粘锅，但比未经处理过的铝制品要好得多，食物不易粘在锅底。其耐酸性也比一般的铝制品强，不会使浅色食物变色。其缺点是不如一般的铝制品耐用，且价格昂贵。

2. 铜

铜的导热性能最强，曾一度被广泛用来制作烹调器具。但其价格昂贵，而且重量大，现在多用来展览，供人观赏。铜会与许多食物发生化学反应，产生有毒化合物，所以铜必须与其他金属合成才能用来制造厨具，如与锡或不锈钢合成。

3. 不锈钢

不锈钢是一种性能比较差的热导体，用不锈钢器具烹调的食品很容易烧焦。它最适宜储存食品，不易与食物发生化学反应。它还适宜于低温烹调食物或用做盛放食物的容器。如做蒸盘，则不会出现烧焦问题。不锈钢可以与铜或铝合金制作盘和锅的锅底，这样既具有不锈钢的特性，坚硬、耐用，不易于食物发生化学反应，不会改变食物颜色，又具有铝和铜的高效导热性能。但这类器具通常非常昂贵。

4. 铸铁

铸铁制品深受许多厨师的喜爱，因为它导热均匀，导热速度慢，能长时间地保持高温。主要用来制造平底锅。但铸铁制品掉在地上容易破裂，且容易生锈，应保持干燥。

5. 搪瓷

搪瓷锅不宜使用。许多卫生部门禁止使用搪瓷制品。它们极易被划破、碎裂，为细菌提供了良好的藏身之所，易引起食物中毒。

6. 不粘锅

镀漆不粘锅现在非常流行，但要精心维护，它极易擦伤，出现划痕，不要用金属制勺或铲来刮。现有许多厨房专门准备一套不粘锅用来煎蛋。

由于越来越多的顾客喜欢低脂肪食物，不粘锅越来越受欢迎，厨师不用油或少用油即可烹制食物。

7. 玻璃和陶瓷

玻璃和陶瓷制品在餐饮业中很少使用，因为它们极易破碎。它们导热性差，但具有很强的耐腐蚀性和耐酸性。

（二）锅、盘及其用途

1. 汤锅

汤锅是一种体积大、两边垂直的深锅，用来做高汤，带龙头的汤锅不用将锅拿起来就可以把锅内的水放净，而保留其中的固体物质。

2. 沙司锅

沙司锅是圆形中等深浅的锅，与汤锅类似，只是浅一些，更容易进行搅拌，用来做汤、沙司和其他液体食物。

3. 炖锅

炖锅是圆形宽口两边垂直、重而浅的锅，用来给肉上色和炖肉。

4. 沙司平底锅

沙司平底锅与小型浅底轻巧的沙司锅类似，只是没有两边的圆形把手，而是一个长把，两边垂直或倾斜。用在一般的灶上。

5. 直边炒盘

两边垂直的炒盘与浅底直边的炒盘类似，但稍微重些，用来炒、煎、给菜上色。因其上宽，面积大，水分蒸发快、还可以用来制作沙司或其他液体食物，一般型号为深6.5～13厘米，直径16～40厘米。

6. 斜边炒盘

斜边炒盘，也称煎盘，用来炒或煎肉、鱼、蔬菜、蛋类食物。斜边使厨师不用铲即可抛、翻菜点，而且容易盛菜。一般型号直径为16～36厘米。

7. 铸铁锅

铸铁锅是底厚体重的煎盘，用来煎制需要热量稳定均匀的食物。

8. 平底盘

平底盘是长方形浅盘，用来烤蛋糕、面包和曲奇饼，也可用来烤肉、鱼。型号为46厘米×66厘米（全盘）和46厘米×33厘米（半盘）。

9. 双层蒸锅

双层蒸锅分上下两层，下面一层与汤锅相似，装热水。上面一层装食物，用来烹调需低温、不能直接加热的食物。上层型号4～36夸脱（升）。

10. 烤面点盘

烤盘是长方形盘，约5厘米深，用来烤制面点，有各种不同的型号。

11. 烤肉盘

烤肉盘是更深更大更重的长方形盘，用来烤制肉、禽类食品。

12. 万用盘

万用盘也称蒸汽台盘、服务盘，它是用不锈钢制成的长方形盘，既可以用来盛装食物，还可以用来烤、蒸食物。标准型号为12英寸×20英寸，还有其他一些型号，标准深度为6.5厘米，还有更深的标准为32.5厘米×53厘米。

13. 汤罐

汤罐是圆筒形不锈钢容器。用来储存食物。型号1～36夸脱（升）。

14. 不锈钢碗

不锈钢碗是用来制作荷兰汁、蛋黄酱、奶油、蛋白的圆底搅拌容器和打泡容器。用圆形容器可以使每个角落都能搅打到。型号繁多。

五、测量工具

下面介绍一些测量工具与计量单位。

1. 秤

在许多食谱中，配料以重量为单位计量，因此准确称重是非常重要的。秤有台秤和天平秤两种，台秤是用来称量配料的最常用工具，而天平秤主要用于面包房。

2. 量筒

量筒用来称量液体的体积，顶部的斜边易于倾倒。型号以品脱、夸脱、半加仑和加仑计。每个型号都分成4等份，由筒外突起的几道棱来表示。

3. 量杯

型号有1杯、1/2杯、1/3杯、1/4杯4种。既可称量液体，也可称量固体。

4. 量勺

量勺用来称量用量极少的物质，分为1汤勺、1茶勺、0.5茶勺、0.25茶勺4种型号，多用来称量各式调料、调味品。

5. 长把勺

用来称量液体，以盎司为计量单位，刻度标在勺把上。

6. 温度计

测量温度的温度计有以下几种不同的种类。

（1）肉温温度计　用来测量肉的内部温度，在烹调前插入肉中，烹调时留在里面。

（2）速读温度计　插在烹制食物中几秒钟就可以显示出温度，从-17℃~104℃，许多厨师把它插在衣袋里，需要时立即拿出来用。在烤肉时，不要将它留在肉中，否则它会受到损害。

（3）油脂温度计和糖浆温度计　用来测量油炸和糖浆的温度。温度高达200℃。

（4）特制温度计　还有些特制的温度计，用来测量烤箱、冷藏箱和冰箱的准确温度。

7. 弹簧勺

弹簧勺一般有标准的型号，上有一弹簧杠杆装置，可以放松勺内的东西，用来称量柔软的固体食物。

六、刀具、手工工具、小型设备

（一）刀具材料

制作刀片的金属材料是非常重要的，它决定了刀刃的锋利度和耐用性。

1. 碳素钢

碳素钢是传统的制刀材料，其刀刃非常锋利，缺点是容易腐蚀、上锈和变色，尤其是切酸性食物和洋葱。它还可使某些食物和全熟的鸡蛋变色，且使食物留有锈味。

2. 不锈钢

不锈钢刀具不易生锈或受腐蚀，但也不易磨锋利。

3. 含碳量高的不锈钢

含碳量高的不锈钢是一种新型合金材料，综合了碳素钢和不锈钢的优点，刀刃锋利，不上锈，不腐蚀，不变色。用这种材料做成的刀刃很受欢迎，但价格昂贵。

4. 刀柄

柄脚是插入刀柄内部的金属片，优质耐用的刀具都有柄脚，柄脚的长度与刀柄的长度相同。

（二）刀具及其用途（图3-13）

1. 法刀或厨刀

法刀是厨房中最常用的刀具，用来切块、片、丁等。靠近刀柄部位宽，渐渐变窄，前端是尖形的。刀片长26厘米，最适宜日常使用，稍大的适宜于切片、块，小的适宜于做细加工。

这将是您最重要的工具，所以一定要学会使用和保养。

2. 万用刀或沙拉刀

万用刀。它是一种窄窄的尖刀，长16～20厘米。多用于做冷菜，切蔬菜、水果等，还可用来片鸡或鸭。

3. 水果刀

水果刀是短小的尖刀，长5～10厘米，用来削切水果或蔬菜。

4. 剔骨刀

剔骨刀是尖尖的薄片刀，长约16厘米。用来剔骨。坚硬的刀片适用于大量的加工，而柔韧的刀片则适用于少量的加工或切片。

5. 切片刀

切片刀有细长的刀片，用来切煮熟的肉片。

6. 锯齿刀

锯齿刀与切片刀相似，刀刃为锯齿形。用来切面包、蛋糕等食品。

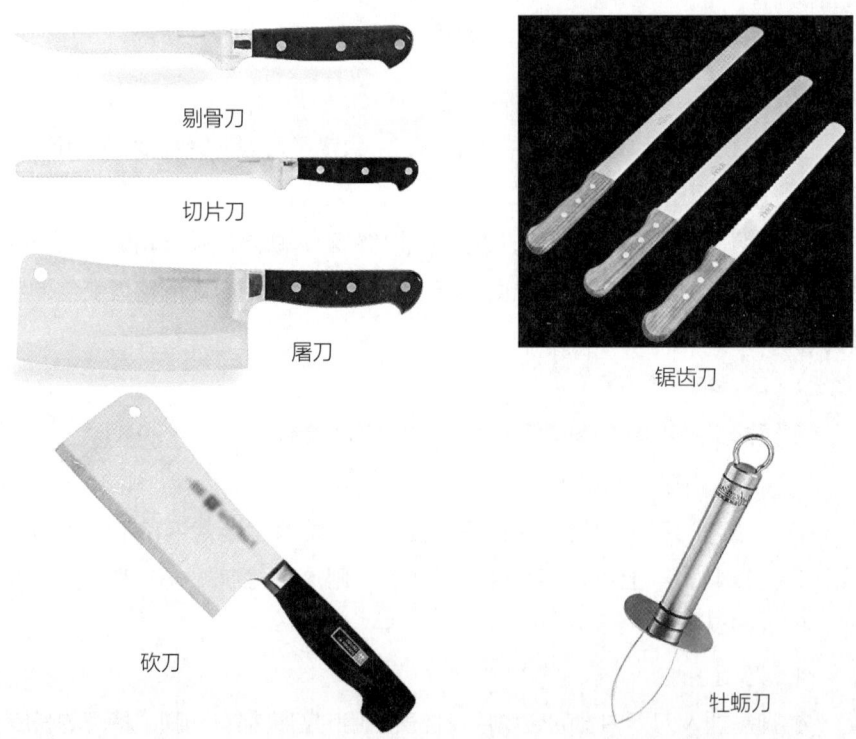

图3-13　各种刀具

7. 屠刀

屠刀宽重，刀片微翘。肉店用来切、分和修整鲜肉。

8. 短弯刀

短弯刀又称牛排刀，刀片上翘，刀尖尖，用来精加工牛排。

9. 砍刀

砍刀，刀片宽重，用来砍骨头。

10. 牡蛎刀

牡蛎刀，刀片坚硬短小，刀钝，用来打开牡蛎壳。

11. 蛤刀

蛤刀，刀片稍宽，坚硬、短小，稍微带点儿刃，用来打开蛤的壳。

12. 削皮刀

削皮刀，刀片呈条状，短小工具，用来给蔬菜水果削皮。

13. 磨刀棒

磨刀棒不是刀，但却是刀具中不可缺少的一部分，用来磨刀，保持刀刃锋利。

14. 砧板

砧板是刀具中不可缺少的伙伴，许多厨师喜欢硬木砧板。有人认为硬橡胶或塑料砧板更为卫生，但有资料证明细菌在这些砧板上存活的时间更长。一定要保持清洁。

注：在美国有些地区卫生健康条例中规定禁止使用木砧板。

（三）手工工具和小型设备

（1）挖球勺　刀片为小杯子状，呈半球形，用来把水果蔬菜挖成小球形。

（2）厨叉　是长柄、两齿的叉子，分量重，用来拣起和翻转肉或其他食物，其做工一定要坚实，能叉起重物。

（3）直铲　刀片长，柔韧，圆头，主要用来往蛋糕上抹奶油。

（4）三文治抹子　是短小秃头的铲子，用来往三文治上抹馅。

（5）弯铲　宽刀片，主要用来翻转或铲起架烤炉、煎锅、烤盘等中的鸡蛋、薄烤饼、肉等。

（6）塑料扁铲　长柄宽头，柔韧的橡胶或塑料扁铲。用来刮碗或锅中的残渣，也可用来搅鸡蛋和奶油。

（7）派铲　是梯形弯曲的铲，用来将派从煎锅中铲出来。

（8）切面刀　其一端是木柄，另一端是宽硬的金属片，主要用来把面团切成小片。

（9）车轮刀　是带柄、刀片可旋转的圆形刀具，主要用来切面团和烤熟的比萨。

（10）夹子　是弹性剪刀型工具，用来拣取和处理食物。

（11）撇沫器　长柄，微呈杯形。可过滤食物，勺片薄，用来撇去液体食物中的泡沫和汤、牛肉等中的固体碎屑。

（12）勺　大号不锈钢的勺，容量3盎司，用来搅拌，漏勺用来从液体中捞取固体食物。

（13）金属抽子　是由不锈钢丝卷成环状固定在柄上的一种工具，分为两种：

①硬抽子坚硬、丝线少，用来搅打分量大而稠的液体。

②软抽子由许多柔韧的丝线组成，用来抽蛋、奶油、荷兰汁或者比较稀的液体。

（14）中国帽子式滤网　锥形的滤网，用来过滤汤、沙司和其他液体。尖尖的底部使厨师能从较小的开口处把液体漏净。

（15）细滤网　是筛孔更细的一种滤网，用来制作清亮光滑的液体食物。

（16）筛网　是由网眼状或筛孔状金属片制成的杯形圆底过滤工具，用来过滤面食、蔬菜等。

（17）筛子　底部为网状筛子，围边为圆形金属框架，用来筛面粉和其他干配料。

（18）笊篱　是不锈钢或铝制的过滤碗，用来过滤洗好的或做好的蔬菜、面条和其他食物。

（19）食物研磨器　由手柄转动带动刀片旋转挤压食物通过过滤圆盘，其中的圆盘可以更换，其漏眼粗细不同，可以将食物磨成粗细不同的泥状。

（20）礤床儿　是一个带有不同型号、有四个面的擦菜金属盒，用来磨碎蔬菜、奶酪和其他食物。

（21）刮皮器　用来去除表皮的部分。

（22）雕刻刀　主要用来做装饰性的工作。

（23）装饰袋和花嘴　装饰袋有锥形布袋或塑料袋，底部开口，可以安装上各种不同形状、不同大小的花嘴。它用来装搅好的奶油、公爵夫人土豆、软面团等以给食物装饰定形。

（24）甜品刷　用来往食物表面上刷蛋液或上色。

（25）罐头起子　大型厨房一般将罐头起子固定在工作台边缘。每天必须仔细清洗、消毒以防污染食物，要及时更换破旧的刀片，以防金属屑落入食物中。

项目 2
烹调的基本原理介绍

一、烹调方法

烹调方法分为湿性加热法和干性加热法两种。

湿性加热法是指热量通过水、汤或蒸汽传递给食物的方法。干性加热法是指热量传递不需要湿度，而是通过热空气、热金属、辐射或热油等传递的。通常干性加热法又分为两类：有油和无油的干性加热法。

不同的烹调方法适用于不同的食物。如有些肉结缔组织的含量很高，只通过湿性加热慢慢烹煮才能使组织分解，由硬变软。而有的肉结缔组织含量很少，很嫩，因此做三成熟、五成熟味道更佳。

在烹调食物选择烹调方法时还需考虑其他因素，如味道、外观。

（一）湿性加热法

1. 轻煮、炖和煮沸

轻煮、炖和煮沸都是指把食物放在水中或放入加调料的汤汁液体中烹调食物。液体的温度决定了使用方法。

（1）煮沸　是指在翻滚沸腾的液体中烹调食物，温度为100℃。

煮沸的方法只适用于某些蔬菜和淀粉类食物，而不适用于其他食物。因为这么高的温度会使肉、鱼、蛋中的蛋白质变硬，快速沸腾的液体会损坏某些鲜嫩食物。

（2）炖　是指在刚刚沸腾的液体中烹调食物。温度一般为85~96℃。

多数食物都是以炖的方法烹调的。煮沸的高温和强烈的翻滚会对多数食物造成伤害。煮沸一词只在菜单上使用，比如菜单上写的煮沸牛肉，实际做法是炖鲜牛肉。

（3）轻煮　是指在少量的沸腾的液体中烹调食物，温度一般在71~82℃。

轻煮一般用来烹调鱼、蛋（无壳）等鲜嫩食物。这种方法也可用来烹调其他各种食物，但多数用在食物烹调的最后一步，用以去掉食物中的异味和使食物成型。

烹调时注意事项　不论是炖或煮沸，烹调前都要先将液体煮沸。因为放入食物时，液体会降低温度。当达到所需温度时再将温度固定在这一范围内。

（4）白灼　是指将食物在水中快速过一下，但也可以用其他方法。如炸薯条就是在油中过一下。

在水中白灼有两种方法：

① 将食物放在冷水中，然后烧沸，再炖，最后捞起放在冷水中冷却。

目的：去掉某些肉、骨中的血、盐或不洁物质。

② 把食物放在沸水中煮沸，然后捞出放在冷水中冷却。

目的：使蔬菜的颜色稳定不变，破坏其中的有害酶，或使番茄、桃子等食物的表皮松弛，易于剥落。

注意海拔　随着海拔高度的升高，水的沸点会降低，如在海拔1500米的地方，水在95℃就会沸腾，因此需要更长的烹调时间。

2. 蒸

蒸就是指食物直接与蒸汽接触或加热而烹调食物。

（1）当烹调量很大时，经常用一特制的蒸屉来蒸，里面能放下标准的蒸盘。在沸腾的水上放上架子，也可以蒸食物，但这种方法很麻烦，一般餐饮业不常用，只偶尔用。用蒸汽夹层锅烹调不是蒸，因为蒸汽并不直接接触食物。

（2）蒸还可以指烹调包紧的食物或盖上盖盘烹调的食物，在这种情况下，食物是靠自身产生的蒸汽来蒸的。这种方法用于烹调用锡纸包裹的菜点，用锡纸包裹的烤土豆实际上应算做蒸。

（3）在正常气压下，蒸煮食物的温度为100℃，即水的沸点。但蒸汽比沸水传递的热量多，烹调时间短，因此要严格控制烹调时间，以免蒸过头。

（4）由于高压锅是把蒸汽保存在一定的压力之下，因此高压锅的温度往往会超过100℃(表3-1)。用高压锅烹调的速度非常快，因此要严格控制，严格计时。

表 3-1　不同压力下水的沸点

压力 /MPa	温度 /℃	压力 /MPa	温度 /℃
0.000	99.5	0.180	131.0
0.005	101.0	0.185	131.5
0.010	102.0	0.190	132.0
0.015	103.5	0.195	132.5
0.020	104.5	0.200	133.5
0.025	105.5	0.210	134.5
0.030	107.0	0.220	135.5
0.035	108.0	0.230	136.5
0.040	109.0	0.240	137.5

续表

压力/MPa	温度/℃	压力/MPa	温度/℃
0.045	110.0	0.250	139.0
0.050	111.0	0.260	139.5
0.055	112.0	0.270	140.5
0.060	113.0	0.280	141.5
0.065	114.0	0.290	142.5
0.070	115.0	0.300	143.5
0.075	115.5	0.310	144.5
0.080	116.5	0.320	145.0
0.085	118.0	0.330	146.0
0.090	119.0	0.340	147.0
0.095	119.5	0.350	147.5
0.100	120.0	0.360	148.5
0.105	121.0	0.370	149.5
0.110	121.5	0.380	150.0
0.115	122.5	0.390	151.0
0.120	123.0	0.400	151.5
0.125	123.5	0.420	153.0
0.130	124.5	0.440	154.5
0.135	125.0	0.460	156.0
0.140	126.0	0.480	157.5
0.145	126.5	0.500	158.5
0.150	127.0	0.520	160.0
0.155	128.0	0.540	161.0
0.160	128.5	0.560	162.5
0.165	129.0	0.580	163.5
0.170	129.5	0.600	164.5
0.175	130.5		

（5）蔬菜多用蒸的方法，无须搅拌，烹调速度快，将营养成分的损失降到最低限度。

3. 文火炖

文火炖是指把食物先上色后，再放在少量液体中盖上盖加热烹调。

由于食物在与汤汁一起烹调前须用干性加热法先上色，文火炖有时也指一系列烹调方法的组合，其中文火加热在这一烹调过程中是关键，因此，上色是烹饪技术的入门技术。上色这一道工序的目的也绝不只是着色和调味这么简单。

（1）文火炖肉时要先用干性加热法（如煎锅）上色，这样会使食物的外观美观诱人，使食物和汁的味道更香、更美。

（2）文火炖也指在少量液体中用低温烹调某些蔬菜如莴苣或卷心菜，不必用油，或只是微炒上色。

（3）文火炖食物时汤不必没过食物。食物的上部是被锅内的蒸汽加热做熟的。如做锅烤时，汤只没到食物的1/3～2/3处，确切加多少汤要根据需食用的汁的多少而定。这种方法做出来的食物味美汁浓。

（4）有些食物，尤其是烹调禽、鱼时不需加汤，但依然被认为是文火炖，因为这些食物是由其本身及其配料，如蔬菜产生的蒸汽加热而做熟的。

（5）也可在灶上或烤箱里做文火炖菜。用烤箱做的文火炖菜有3点好处：

① 加热均匀，热量可以从各个方位传递给食物，而不只是在底部。

② 食物以稳定的低温加热，不需常常检查是否会糊。

③ 灶上可以留出空地方做别的食物。

（二）干性加热法

1. 焙烤

烤是指在烤箱中用干燥的热空气循环，在食物周围对食物加热的烹调方法。在明火上的钎上烹调食物也算做烤。

英文中烤肉（Roasting）多用来指烤禽、肉。而烤面点（Baking）用来指烤面包、派、蔬菜、鱼，这个词比烤肉指示范围更宽。事实上，这两个词在技术处理上几乎没有差别，甚至还经常互换使用（除了用于烤面包和面点时必须用Baking）。

请注意，在现在食谱上，Roasted这个词用在烤制食物的范围已经很广，其中包括烤制肉类、家禽、鱼类和蔬菜，只是这里的Baked和Roasted已不是真正的烤制了，而是炒、炸或文火炖。有的酒店甚至把炒蔬菜称作嫩烤蔬菜。

（1）不加盖地烤是烤肉的基本特点。加盖会将蒸汽留在锅内，从而使加工过程由干性加热法变成湿性加热法。

（2）肉常常放在架子上烤，若带骨头，则将骨头作为支架来烤。放在架子上可以防止汁和油慢慢渗入肉里，也可以使热气在肉的周围循环流通。

（3）在使用传统式烤箱烤肉时，由于温度不够，厨师要时而调换一下食物的位置，通常烤箱里的一侧要比门边热，门边热量容易损失。

（4）烧烤指的是用燃烧的硬木或硬木炭产生的干热量来烹调食物。换言之，烧烤是用木炭火进行的烤。

真正传统风味的美国烧烤是在烧木柴的烤箱或地炕上进行的，但若餐馆想在其菜单上加入烧烤的菜点，用这种方法显然是不切实际的，所以现在的烧烤都是在特制的烟熏烤箱里进行的。从原则上讲，这些炉子与普通炉子一样，只是加入了能给小块木柴加热并能产生烟的装置。烤制时，食物要挂在炉内或放在架子上以使烟能接触食物的各个侧面。

从技术上而言，现在的烧烤方法不能算作真正的烧烤，因为热量是由电或气的燃烧装置产生的，但由于加入了能使木头产生烟的装置，其最终结果是相同的。

（5）熏是指把食物放在位于炉子上方的一密封容器里，利用木片产生的烟来加热的一种烹调方法。多用在烹制小而细的食物，如鱼条、嫩肉、家禽肉块和蔬菜等。

熏制时，将一层硬木铺放在炉盘底部，在木片上放网架，将食物平放在架上。用另一个盘子或铝箔盖紧。将炉盘放在炉灶上加热，木片被加热并产生烟，大约5分钟后，将食物从熏炉中取出。如可能，可在烤箱内完成烹制过程。食物放在熏炉中时间过长会使食物带有很浓的烟味。

2. 炙烤

炙烤是指从食物上方用辐射产生的强热量快速进行烹调的方法。

注：炙烤、架烤、平烤这些词很容易弄混，架烤通常称为炙烤，而平烤则被称为架烤。本书以使用设备的不同而对它们加以区分。炙烧是指用炙烧炉烹食物，架烤是指在架烤炉上烹食物，平烤是指在平烤炉上烹制食物。

（1）由于炙烤是一种用强热快速烹调食物的方法，因此它通常用来烹制嫩肉、禽、鱼和部分蔬菜。

（2）注意以下规则：

① 调试所有的温度范围。烹调食物的温度靠开关来调节。

② 用小一点儿的热量烹制大块、厚块和需全熟的食物。用大的热量烹制薄块和需三成熟的食物。这样做是为了使食物里外具有相同的成熟度。

这就需要多加练习，凭经验来掌握，当外皮为棕褐色的时候，里边是否达到需要的效果，不同厚薄的食物需多少时间才能达到里外一样。

③ 炙烧炉要先预热，这样会使食物快速烧好。

④ 可以把食物在油里浸一下，以防粘住或变干。若食物本身脂肪含量高，便不必如此。这样做时一定小心，如果炙烧炉上的油过多则会引起火灾。

⑤ 食物只需翻一遍，两边都烤好即可。

（3）在供餐前，用墙上明火烤炉给盘中食品上色或浇汁。

3. 架烤、平烤和盘煎

（1）架烤　是指在敞开的架烤炉上进行烹调的方法，这里的热源可以是煤炭、电、煤气。烹调温度靠将食物放在架烤炉上热度不同的地方来控制。同炙烧一样，架烤的肉需要翻，以达到所需的成熟度。

（2）平烤　是在平烤炉上坚固的表面上烹调，可以加少量的油以防粘住，也可不加。烹调温度可以调控，比在架烤炉上低得多，一般在177℃左右。除肉类外，蛋、薄烤饼等也可在平烤炉上烹制。

（3）盘煎　与平烤相似，只是不用平烤炉而用炒盘或锅来烹制食物。在烹调过程中要将多余的油倒出去，否则就会变成煎了。不需加液体，盘也不必盖盖儿，否则就会变成蒸了。

以下几种是使用油的干性加热法

4. 炒

炒是指用少量的油快速烹调食物的方法。

（1）炒在法语的意思是跳，指的是小块食物在炒锅中抛扔这一动作，然而像鸡肉、肉片等块稍大的食物在炒时，不必非得抛。

（2）注意事项

① 放入食物前，锅要预热，食物必须以高温来烹制，否则就会产生汁而变成炖了。

② 锅中不要放入过多的食物，这样做会降低温度而变成炖了。

（3）炒的肉一般要滚一层面粉以防粘锅，还有助于均匀上色。

（4）食物炒好后，要往锅里放一些酒或清汤，摇动锅，以使粘在锅底的残渣溶解。这种液体可以成为沙司的一部分，与炒菜同食。

5. 煎

煎就是以中等温度和油量烹制食物。

（1）煎与炒相似，只是油量大些，烹调时间长些。煎多用于煎制大块食物，如肉块、鸡肉块及不需像炒那样在炒锅里翻来翻去的菜。

（2）由于用煎的方法烹制的食物块较大，需要用比炒食物时温度低的热量。

（3）油量根据烹制食物的多少而定，如煎蛋时，只需很少的油，而煎鸡块时要用稍多的油量。

（4）多数食物翻一次即可做熟，有些块大的食物需移到烤箱中完成，以防颜色变深。在食品制作量很大时，这种用烤箱来做熟大块食物的方法，可以简化加工制作过程。

6. 炸

炸是指用没过食物的油量进行烹调的方法。

炸制食物的质量取决于以下要素：

最少的吸油量；最少的水分损失（不要过度）；诱人的金黄色；酥脆的外皮；不因油量大而影响味道。

许多食物在炸前先蘸一些面包渣或面糊，这使食物更酥脆，颜色更诱人，味道更鲜美，显然面包渣和面糊的质量也决定了食物的质量。

炸的准则如下：

（1）温度适宜　多数食物在175～190℃的温度范围内炸制。

（2）不要将炸锅装得过满　炸锅装得过满会大大降低油温。

（3）使用品质优良的油　品质好的油，油的沸点高（油的沸点指油开始冒烟，并快速分解的温度）。

（4）每天都要用新油换掉15%～29%的陈油，这样会延长油的使用时间。

（5）倒掉部分已用过的陈油　陈油会影响炸制食品的质量，易焦煳、变味。

（6）分开炸制　如有可能不要将味浓的食物与味淡的食物在同一锅内炸。炸薯条不应和炸鱼在同一锅内炸，不然会串味。

（7）尽可能在食用前炸　不要把食物放在炸槽上方的篮子内。不要将食物在红外线灯下保存，否则食物的潮气会使炸制食物的表皮发潮变软，不脆。

（8）炸过食物的油应注意以下不利因素：

热量：不用时关掉炸炉或保持在95～120℃之间。

空气：将油封盖好，过滤时尽量使油少接触空气。

水：炸制前要将食物中多余的水分滤净，炸槽和炸篮清洗后要彻底控干，保持炸篮干燥，以防油溢溅。

盐：不要在油上给食物撒盐。

残渣：放入油中之前，将用面包渣或面粉裹好的食物抖一抖，抖掉松的粉，要经常撇掉油上浮着的粉渣，滤掉锅底的残渣。

7. 高压榨

高压榨是指在一种特殊的密封炸炉内，将食物产生的蒸汽保存在密封的锅内，增加锅内压力进行炸制的方法。

在一般的炸炉内，即使油的温度为175℃，食物的内部温度也不会超过水的沸点100℃，而在高压炸炉内，则会超过这个温度，烹制食物的时间会大大缩短，且不会出现焦煳现象，同时油温会降低，一般为165℃或更低。

用高压榨方法炸制时，需要准确地计时。

（三）微波炉烹调

微波烹调不同于一般的干性加热法和湿性加热法烹调，它需要一种特殊的设备，主要用途是给做好的食物加热，给冷冻的生、熟食物解冻，也可用来进行初步的烹调。

不同型号的微波炉功率不同，家用一般为700～1200瓦，酒店一般为500～2000瓦。功率越高，产生的能量越大，食物加热速度越快，多数微波炉可根据需要来调节能量的大小。

快餐餐厅的厨房使用微波炉最大好处之一是能同时快速地将许多份不同的食物加热好。像炖一类的食物，若将其放在蒸柜内保存，则可能会炖老而影响食物品质，而用微波烹调，可先将其冷冻储存，待食用时，再拿出来用微波炉加热一下即可，不会改变食物品质，这也是多数餐馆备用一台或多台微波炉的原因。

因微波炉的独特性，在使用时，要注意以下几点：

（1）在一般标准的微波炉内加热少量食物不会焦糊，大块的烤肉会因其自身产生的热量而焦糊。有些微波炉则特别加上了上色功能。

（2）仔细观察，准确计时。过度烹调是使用微波烹调中常犯的错误，要切记高能烹调少量食物，所需时间极短。

（3）烹调大块食物时要翻转一两次，以保证加热均匀。

（4）加热大块食物时需要一定的时间间隔，以使热量从食物表面传到内部。

（5）若微波炉上设有解冻程序，解冻时要使用此程序，用此程序解冻，能量低，解冻均匀，避免热量不均，产生生熟不均的现象。若无此程序，请使用开关程序。

（6）有些食物用微波烹调时会变干，如肉片、熟肉等，因此用微波炉烹调这些食物时要将其用塑料袋、蜡纸等封好，或浸在沙司中。

（7）由于微波炉只对水分子起作用，因此用微波炉给水分含量高的食物加热比给水分含量低的食物加热速度快。

（8）放在盘子边缘的食物比放在中间的食物加热快，这是因为放在盘子边缘的食物不仅接受来自热源的热量，还接受反射在四壁的射线的辐射。因此用微波烹调食物时要注意两点：

① 将盘中心的食物压扁，使其比盘子边缘的食物薄，以使整盘食物加热均匀。

② 在同一盘中加热不同食物时，将水分含量大的食物如蔬菜放在盘子中心，将较干燥的食物如熟肉等放在边上。

（9）微波无法穿透金属，铝、锡和其他金属会阻碍热量传播。如用微波炉烘烤用锡箔纸包的土豆是无法烤熟的。

旧式的微波炉一般不能往炉内放任何金属，以免金属反射回来的射线损伤磁控管，新式的微波炉内可以放置金属，如可把食物放在有锡纸的盘中加热，以防止某些食物被烹调过度，请遵照制造商提供的操作程序操作。

由于使用微波炉烹调时间短、速度快，因此肉中的结缔组织不会分解，必须先使用湿性加热法将结缔组织分解，再用微波炉加热。放入微波炉的食物越多，烹调需用的时间就越长。

二、烹调术语小结

下面是一些烹调术语的总结，前面所讲过的也包括在其中。

（1）烤面点　指用干热的空气围绕在食物周围对食物加热的方法，与烤肉相似，但烤面点主要用于烤面包、派、蔬菜和鱼。

（2）烧烤　① 指用燃烧硬木或硬木炭产生的热量对食物加热的方法。② 指将食物放在热炭上如烤炉上或肉钎上加热的方法。

（3）白灼　指在沸水或热油中将食物快速加热的方法，常被当作一种准备方法，使蔬菜、水果、坚果的皮松动易剥，或用以炸薯条等食物使用前的加热，或去除怪味。

（4）煮沸　指在正常气压下，将食物放入沸腾的水中或其他液体中烹调，其温度一般为100℃。

（5）文火炖　① 指将预先上色的食物放入少量液体中烹调。② 在少量的液体中慢慢烹调（主要用于某些蔬菜的烹调）。

（6）炙烧　指用来自上方的辐射热能烹调食物。

（7）炸　指将食物浸在热油中进行烹调的方法。

（8）流汁　指往炒好菜的锅里放一些液体，摇动锅，以使粘在锅底的残渣溶解。

（9）干性烹调方法　指不用湿气如水蒸气，而对食物进行加热的方法。

（10）上光　指把沙司、肉冻、糖等涂在食物表层使其光亮，或在炙烤炉或墙上明火烤炉中或在烤箱里将食物上色或熔化。

（11）平烤　指在平烤炉上的扁平固体表面上烹调食物。

（12）架烤　指在敞口的、放在热源上的架烤炉上烹调食物。

（13）湿性烹调方法　指热量通过水、液体（油除外）或蒸汽等传递到食物上的烹调方法。

（14）盘烤　指不盖锅、不用油，在锅或炒盘里烹调食物。

（15）煎　指不盖锅，用适量的油在盘里烹调食物。

（16）包锡纸蒸制　也是一种蒸，将食物用纸或锡箔纸包起来，隔水加热，靠蒸汽烹调锡箔纸内的食物且保持食物原来的味道。

（17）半煮沸　指在滚开的或微开的液体中将食物烹制半熟。

（18）半熟　指用任何方法将食物烹制半熟。

（19）煮　指在71~82℃的热水或其他液体中烹调食物。

（20）燸　指用文火炖或沸水煮至锅中水或液体完全燸干为止，使味道完全渗到食物中。

（21）烤　指在烤箱里或明火前的钎上，利用干燥的热空气循环在食物周围对食物加热的烹调方法。

（22）炒　指以少量油快速烹调食物。

（23）烙　指把食物放在烧热的锅与金属板上加热使其熟。

（24）炖　指在85~96℃的水或液体里炖食物。

（25）熏　是指把食物放在一密封的容器内置于木片上部的架上，利用烟的干热来加热食物的一种烹调方法。

（26）蒸　指靠产生的蒸汽烹调食物。

（27）焖　指以少量的液体炖食物，通常液体可作为沙司食用。

（28）热熔　指在油中慢慢烹调食物，不上色，有时加盖。

附：西餐计量单位知识

常用的西餐重量单位

- 1千克=2斤
- 1磅= 454克=16盎司
- 1公斤=1000克
- 1盎司= 28.35克

常用的西餐体积单位

- 1茶匙=5毫升
- 1汤匙=3茶匙
- 1汤匙=15毫升
- 1液体盎司 =2汤匙
- 1杯=240毫升
- 1品脱=480毫升=2杯
- 1夸脱=960毫升=4杯=32盎司
- 1加仑=3.84升=4夸脱
- 1升=1000毫升

常用的西餐温度单位

华氏度	摄氏度
250 ℉	120 ℃
275 ℉	140 ℃
300 ℉	150 ℃
325 ℉	160 ℃
350 ℉	180 ℃
375 ℉	190 ℃
400 ℉	200 ℃
425 ℉	220 ℃
450 ℉	230 ℃
475 ℉	240 ℃
500 ℉	250 ℃

知识拓展

1. 华氏度（Fahrenheit）是经验温标之一。在美国的日常生活中，多采用这种温标。规定在一个大气压下水的冰点为32度，沸点为212度，两个标准点之间分为180等份，每等份代表1度。华氏温度用字母"℉"表示。摄氏度（℃）和华氏度（℉）之间的换算关系为 $℉=\dfrac{9}{5}℃+32$，或 $℃=\dfrac{5}{9}(℉-32)$。

2. 摄氏度（Celsius）也是经验温标之一，也称"百分温标"。温度符号为 t，单位是摄氏度，国际代号是"℃"。摄氏温标是以在一大气压下，纯水的冰点定为0℃。在一大气压下，沸点作为100℃，两个标准点之间分为100等份，每等份代表1℃。

模块四

西餐菜肴制作训练

学习内容

项目1　汤
项目2　沙司
项目3　西式凉菜
项目4　配菜
项目5　热菜

学习目的

通过本模块的学习，熟练掌握各类汤、沙司、西式凉菜、配菜、热菜的制作方法，并能举一反三。

项目 1 汤

一、基础汤制作工艺（菜例）

（一）基础汤的概念

基础汤又名"汤底"或"底汤"。它是西餐中菜肴调味、菜肴烹制和汤菜制作时常用的半成品底汤，具有汤汁清亮、香味浓郁、浓稠适度的特点。

基础汤用法文表示为：Fond de Cuisine，简称为Fond；用英文表示为：Foundation of Cooking，简称为Stock。

（二）基础汤的作用

（1）决定沙司酱汁和菜肴的品质。

（2）确定酱汁和菜肴的基本风味。

（三）基础汤的种类

（1）白色基础汤　是指将肉类和骨类主料、蔬菜类香料等加水，用小火慢煮而成的底汤。因为汤色清亮，近似白色，故称"白色基础汤"。

根据肉类品种的变化，又可细分为：白色小牛肉基础汤、白色牛肉基础汤、白色鸡肉基础汤、白色海鲜基础汤和蔬菜基础汤等。其中习惯把白色海鲜基础汤称为"鱼精汤"。

（2）褐色基础汤　指将肉类和骨类主料，经煎、烤上色后，加水和蔬菜类香料，用小火慢煮而成的汤底。因为汤色为褐色的，称为"褐色基础汤"，也可音译为"布朗基础汤"。常见类型有：布朗小牛肉基础汤、布朗鸡肉基础汤、布朗鸭肉基础汤、布朗鸽肉基础汤、布朗羊肉基础汤和布朗野味基础汤等。

（四）基础汤制作菜例

1. 白色鸡肉基础汤

白色鸡肉基础汤英语：White Chicken Stock，法语：Fond blanc de volaille。

（1）原料组成

白色鸡肉基础汤原料组成如表4-1所示。

表 4-1 白色鸡肉基础汤原料组成

项目	原料	数量	单位
		成品 1升	
主料（鸡肉基础汤）	整只老母鸡 鸡骨架、鸡翅、鸡脚等	1 1	只 千克
主料（牛肉基础汤）	牛骨 瘦牛肉等 牛足	1 1 1	千克 千克 只
辅料	胡萝卜 洋葱 西芹 韭葱 丁香 香料束 大蒜 香芹	100 100 80 200 4 1 2 1	克 克 克 克 个 束 头 束
液体调料	清水	2	升
调料	胡椒粒	2	克
加工时间	鸡肉基础汤 牛肉基础汤	2 4～5	小时 小时

（2）制作过程

① 将鸡骨、整只老母鸡放入清水中漂洗干净，去净血污和杂质；将牛骨、牛肉切成大块，与牛足一同放入清水中漂洗干净，去净血污和杂质。

② 将胡萝卜、洋葱、西芹和韭葱等蔬菜去皮后洗净，切成大块，丁香放入洋葱内。用香叶、百里香、香芹、西芹和韭葱等制成香料束备用。

③ 将鸡骨料和牛骨料分别放入不同的汤锅中，加清水淹没，开大火煮沸，2～3分钟后，离火取出骨料，放在流水中冲洗干净，倒去煮汤备用。

④ 将汤锅洗净，重新放入鸡骨料和牛骨料，加入足量的清水煮沸，撇去浮沫和浮油，转小火保持微沸，放入胡萝卜、洋葱、西芹、韭葱、大蒜、香料束、胡椒粒等，煮2～5小时。中途不断地去除浮沫和浮油。若汤汁过少，可以加入适量沸水补充。

⑤ 将煮好的汤倒入细孔滤斗中过滤，去除表面的浮油，迅速冷却，密封冷藏（3℃）备用。

（3）特点　汤色清澈，汤鲜味醇，鸡肉（牛肉）和蔬菜味香浓，多用于禽、肉类菜肴的烹制。

2. 布朗小牛肉基础汤

布朗小牛肉基础汤英语：Brown Veal Stock，法语：Fond brun de veau。

（1）原料组成

布朗小牛肉基础汤原料组成如表4-2所示。

表4-2 布朗小牛肉基础汤原料组成

项目	原料	数量	单位
成品1升			
主料	牛骨 小牛肉 牛足	1 1 1	千克 个 只
辅料	胡萝卜 洋葱 西芹 韭葱 大蒜 香料束 鲜番茄 番茄酱 蘑菇	100 100 50 50 2 1 200 20 50	克 克 克 克 头 束 克 克 克
液体调料	清水或白色牛肉基础汤	2	升
调料	胡椒粒	2	克
加工时间		4～6小时	

（2）制作过程

① 把牛骨、小牛肉等主料切成小块，胡萝卜、洋葱、西芹和韭葱等辅料切成小丁，番茄去籽切成丁，大蒜拍碎，将香叶、百里香、香叶芹、韭葱、西芹等制成香料束备用。

② 将烤炉预热到250℃备用。

③ 将牛骨块放入烤盘内，送入烤炉中烤约20分钟，中途适当翻面。

④ 将牛骨烤成棕褐色、出香味后取出，加入洋葱、胡萝卜、西芹和韭葱烤香出水，再加番茄酱炒匀。

⑤ 把炒香的牛骨料和蔬菜料一同放入大汤锅中。去除烤盘内多余的油脂，再将少量清水倒入烤盘中，上火煮沸后，融化盘底的焦糖。

⑥ 将烤盘内的煮汁倒入大汤锅中，再倒入足量的清水煮沸，转小火保持微沸，撇去浮沫和浮油。加入小牛足、番茄碎、大蒜碎、蘑菇、胡椒粒和香料束，继续熬煮。

⑦ 煮4～6分钟后，将汤分次过滤，去除浮油，迅速冷却，加盖冷藏（3℃）备用。

（3）特点 汤呈棕褐色，汁稠发亮，牛肉和蔬菜的香味浓郁，多用于肉类菜肴和沙司酱汁的制作。

(4)制作要领

① 选用新鲜的牛骨和牛肉,以保证汤味的鲜美。

② 用高温烤牛骨,中途适当翻动,使表面呈均匀的棕褐色即可,切忌烤焦。

③ 煮制中要不断地清除浮沫和浮油,以使鲜汤无异味。

④ 成品汤分两次过滤。先用粗孔滤斗滤出大块原料,再用细孔滤网将汤汁滤出。过滤时切忌挤压,以汤汁自然滤出为佳。

(5)适用范围

① 主要用于制作西餐常用的基础母沙司及变化沙司,如布朗沙司、西班牙沙司、烧汁等。

② 主要用于制作西餐烧烩类、罐焖类菜肴的汤汁等。

3. 白酒鱼精汤

白酒鱼精汤英语:Fish Fumet(White Wine),法语:Fumet de poisson(vin blanc)。

(1)原料组成

如表4-3所示。

表4-3 白酒鱼精汤原料组成

成品1升		数量	单位
主料	海鲜鱼骨(龙利鱼、比目鱼、牙鳕鱼等)	600	克
	黄油	40	克
辅料	红葱	30	克
	洋葱	80	克
	胡萝卜	50	克
	韭葱段	30	克
	蘑菇	50	克
	番茄皮	少许	
	香料束(香叶芹、龙蒿等)	1	束
液体调料	清水	1	升
	白葡萄酒	100	毫升
调料	盐和胡椒粉	适量	克
加工时间		30分钟	

(2)制作过程

① 将各种海鲜鱼骨整理、清洗干净,去净内脏、鱼眼、鱼鳃、血筋等,切成小块,放入流动的清水中漂浮,去血污备用。

② 将洋葱、红葱、胡萝卜、韭葱和蘑菇切成小丁,用香叶、百里香、番芫荽茎、香叶芹茎、龙蒿等制成香料束备用。

③ 将鱼骨取出，沥干水后备用。

④ 锅中加黄油烧热，放入红葱、洋葱、胡萝卜和韭葱炒干水汽，再加入海鱼骨炒香，最后倒入白葡萄酒浓缩。

⑤ 待酒汁煮干时，加入清水（水量刚好淹没鱼骨），用大火煮沸。煮出浮沫后，转小火保持汤面微沸，撇净浮沫。

⑥ 将切好的蘑菇、香味蔬菜、番茄皮和香料束放入汤中，用小火煮约30分钟出味。

⑦ 把汤倒入铺有纱布的滤网中过滤，成清澈透明的白酒鱼精汤。加入少许盐和胡椒粉调味。

⑧ 将汤迅速冷却，送入冰柜冷藏备用。

（3）特点　汤色清澈，海鲜和蔬菜味浓厚，酒香浓郁，多用于海鲜类菜肴的制作。

（4）制作要领

① 鱼精汤宜选用白肉鱼骨制作，以龙利鱼、大比目鱼、比目鱼、牙鳕鱼、无须鳕和海鲂等为佳。这些鱼的腥味少，脂肪少，做出的鱼汤味鲜香，汤汁清澈。若选用脂肪含量重的鱼骨，则汤汁灰暗，腥味熏。

② 若所选鱼骨很新鲜，则无须用水冲漂，可以直接洗净使用，保持鲜味。

③ 鱼骨主料和香味蔬菜都应切成小块，便于烹调出味。

④ 制作中，水量以刚好淹没鱼骨为准。煮制时间不宜过长，30分钟即可，一般不提前制作，现制现用。

⑤ 煮汤时，应及时去除浮沫，以使汤色清亮、香鲜无异味。

⑥ 龙利鱼皮和大比目鱼皮洗净后，在汤煮沸后加入取味。

（5）适用范围

① 白酒鱼精汤主要用于制作海鲜类的白酒沙司。

② 多用作煮焖类、烩烧类海鲜菜肴的汤汁。

③ 经浓缩后，白酒鱼精汤常用作海鲜类乳化沙司的调味料，以增加风味。

二、汤菜制作工艺（菜例）

汤菜是以畜肉、家禽、鱼和蔬菜为原料制作而成的液体状菜肴。

汤的分类

汤基本可以分为三类：清汤、浓汤及特制汤。

（一）清汤

清汤以基础汤为基础，加上富含蛋白质的原料来清除汤中的杂质，形成清澈透明鲜美的汤品。

1. 基础汤的制作

(1) 用料　水5千克，牛骨2千克，杂蔬菜（胡萝卜、芹菜、洋葱）250克，百里香、香叶各1两，黑胡椒粒8粒。

(2) 制作方法　将生牛骨锯开，放入水中大火烧开。

及时撇去浮沫，将火改为小火加入杂蔬菜及黑胡椒粒。

小火煮4小时，不断撇去沫，用纱布过滤即可。

2. 清蔬汤

(1) 主料　基础汤200毫升。

(2) 配料　胡萝卜丝2克，芹菜丝2克。

(3) 调料　盐3克，白胡椒1克。

(4) 制作过程

把蔬菜丝用清水冲净备用。把基础汤烧开调味盛入碗中放入蔬菜丝即可。

（二）浓汤

浓汤是通过油面调剂浓度制作的一种较浓稠的汤菜。

1. 油面的制作

面粉过筛与油脂1∶1的比例。

将沙司锅放火上，加入黄油，将黄油融化后加入面粉用小火慢炒，至面粉出香味即可。

2. 杏仁坚果奶油汤

(1) 主料　杏仁100克、开心果100克。

(2) 辅料　牛奶、淡奶油、面粉、柠檬。

(3) 调料　黄油、白糖。

(4) 制作方法

① 开心果去皮备用，柠檬挤汁备用。

② 黄油炒面备用。

③ 沙司锅加牛奶、杏仁、开心果煮沸15分钟后放入粉碎机中打碎。

④ 过滤去渣倒入锅中加热，煮沸后加黄油面调成半流体。

⑤ 最后放淡奶油、白糖、滴进柠檬汁搅拌均匀，盛入碗中。

⑥ 点缀坚果，即成美味健康的杏仁坚果奶油汤。

（三）特制汤

罗宋汤

1. 原料

(1) 主料　牛肋条肉、牛骨。

(2) 辅料　包菜、洋葱、番茄、西芹、土豆、胡萝卜、姜。

(3) 调料　干白葡萄酒、番茄酱、月桂叶2片、八角1个、盐、胡椒粉适量。

2. 制作过程

（1）牛肉和牛大骨洗净，一起用滚水烫煮1分钟，捞出洗净。

（2）汤锅中加水煮沸，加入牛肉、牛骨和煮牛肉料，煮约1.5小时。夹出牛肉，待稍凉后切成小厚片，汤过滤。

（3）各种蔬菜料洗净，洋葱切粗丝，番茄洗净切片，西芹切短段，包菜切片，胡萝卜和土豆切小片。

（4）另起锅加油依序炒洋葱、番茄和包菜，待蔬菜料已软，加入番茄酱炒香，并加入牛肉汤、牛肉和西芹段、土豆、胡萝卜。

（5）煮至牛肉和蔬菜均软烂，加盐和胡椒粉调味。

项目 2 沙司

一、西餐沙司的基本介绍

（一）沙司的概念

沙司是英文单词Sauce的译音，又称为少司、酱汁或调味汁，简称为"汁"，如黑胡椒沙司可以简称为"黑胡椒汁"。它是西餐菜肴和点心的调味汁。

（二）沙司的作用

（1）突出菜肴的风味　把原料和沙司的香味融合在一起，形成独特的风味。

（2）增加菜肴的色泽和亮度　制作中，将香浓的沙司淋在原料上，可以使菜肴的色泽更加艳丽、光亮，使菜肴更美观。

（3）点缀和装饰　在西餐（点）制作时，厨师常常将色泽艳丽的沙司（如烧汁、巧克力汁、草莓汁）淋在盆中形成美丽的图案，产生独特的装饰效果，诱人食欲。

（三）沙司的种类

这里我们根据法式西餐的习惯，将西餐常用的沙司分为：

基础沙司类：以基础汤为主料制作的传统基础沙司。

乳化沙司类：以油脂为主料制作的沙司。

黄油沙司类：以黄油为主料制作的沙司。

甜点沙司酱类：以西餐甜品等菜肴为主的甜点沙司。

（四）西餐调味的特点

崇尚自然，追求本味；选料严格，加工精细；烹调考究，讲究原汁原味的风味。

（五）西餐调味常用基础沙司

由褐色基础汤制作成的褐色沙司类；

由白色基础汤制作成的白汁沙司类；

番茄沙司及变化种类；

白奶油汁沙司类；

美式沙司类；

冷的不稳定的乳化沙司类；

冷的稳定的乳化沙司类；

热的半流体状乳化沙司类；

热的乳化沙司类；

由蔬菜泥制作成的基础沙司类；

低卡路里营养基础沙司类；

食品产业加工沙司类。

二、冷沙司制作工艺（菜例）乳化沙司类

（一）基础油醋汁（英语：Basic Vinaigrette，法语：Sauce vinaigrette）

1. 原料组成

如表4-4所示。

表4-4 基础油醋汁原料组成

	成品10人份		
		数量	单位
主料	赫雷斯白葡萄酒酒醋 植物油	100 300	毫升 毫升
辅料	芥末酱	40	克
液体调料	—	—	—
调料	盐和胡椒粉	适量	克
加工时间		10分钟	

2. 制作过程

（1）将芥末酱、盐和胡椒粉放入不锈钢沙司盆中，倒入酒醋搅匀。

（2）将植物油分次倒入搅匀的酒醋汁中，拌匀后冷藏备用。

（3）上菜前，将酱汁的调料搅拌均匀，上菜淋汁即成。

3. 特点

开胃解腻，咸中带酸，带芥末香味。

4. 制作要领

（1）制作中，油和醋的比例为3∶1。味感以咸中带酸、芥末香味浓郁为佳。

（2）油醋汁是一种不稳定的乳化沙司。因为油和醋不能完全融合，在调制时，要搅拌均匀。若放置时间过长，油和醋还会分离，所以在拌味前，还应再次搅匀。

（3）酒醋的品种可以根据原料而变化。例如，白酒醋口味清淡，适用于蔬菜沙拉；红酒醋味道浓烈，适合肉类和海鲜菜肴；内脏、猪脚等异味较重，可用大蒜酒醋或他里根香草酒醋来调味；若菜肴中的水果量多，可以加

苹果酒醋增加风味。

（4）植物油的品种也可以根据菜肴的风味而变化，如特级橄榄油、花生油、葵花籽油、菜籽油、核桃油、榛子油、芝麻油或红花油。

（5）此为基础酱汁，调味时，可以根据需要添加一些香草碎、红葱碎或大蒜碎增加风味，也可以加适量白糖调剂风味。

（6）酱汁变化：香醋酸橙汁（制法同上，只是用香醋和酸橙汁代替酒醋即可），烟肉油醋汁（制法同上，在基础油醋汁中加入煎香的烟肉丁、煎烟肉的油、酸味油煎吐司粒等制成，主要适用于各种生菜沙拉）。

5. 适用范围

常作为蔬菜沙拉和水果沙拉的调味汁，营养丰富。

（二）清黄油汁（Pure Butter Sauce）

1. 原料组成

如表4-5所示。

表4-5 清黄油汁原料组成

		成品 500 克	
		数量	单位
主料	黄油	500	克
辅料	水	50	毫升
液体调料	柠檬汁	50	毫升
调料	盐和胡椒粉 绿辣椒粉	适量 适量	克 克
加工时间		10 分钟	

2. 制作过程

（1）将黄油切成小片备用。

（2）将水和柠檬汁倒入厚底的沙司锅中，煮沸后转小火浓缩。

（3）至原料体积1/4时，将锅转放在微火上，分次加入黄油小片，边加边用蛋抽搅动。

（4）至黄油融化，呈乳稠状时，用盐和胡椒粉、绿辣椒粉调味，保温即成（45～50℃）。

3. 特点

色泽乳黄，咸鲜酸香，味浓独特。

（三）马乃司沙司（英语：Mayonnaise Sauce，法语：Sauce mayonnaise）

1. 原料组成

如表4-6所示。

表4-6 蛋黄酱沙司原料组成

成品1升			
		数量	单位
主料	植物油	1	升
	鸡蛋黄	4	个
辅料			
液体调料	酒醋	50	毫升
调料	芥末酱	适量	克
	盐和胡椒粉	适量	克
加工时间		10分钟	

2. 制作过程

（1）将鸡蛋黄、芥末酱、盐和胡椒粉、少许酒醋一同放入不锈钢沙司盆中，用蛋抽搅匀。

（2）逐渐加入植物油，边加边搅拌。

（3）至蛋液浓稠、上劲时，加入酒醋调匀，继续加油搅拌。

（4）至再次搅稠后，再加醋调匀。重复步骤2次或3次，直至把油加完。

（5）待油加完后，调试口味，完成密封冷藏备用。

3. 特点

色泽乳白，有光泽，呈稠糊状，酸、咸适度，回口略甜。

4. 制作要领

（1）选用新鲜的鸡蛋，以确保沙司口味的纯正。

（2）控制好蛋黄、植物油和酒醋之间的用料比例。若蛋黄过多，则蛋腥味重；若油过多，则味感太油腻。酒醋可以用柠檬汁代替，有解油腻、去异味的作用，适量即可，否则会使沙司过稀，影响使用。

（3）容器以玻璃器皿或不锈钢容器为佳，忌用铝、铁和铜制器皿。

（4）搅拌的速度应先慢后快，加油的量应先少后多。待蛋液浓稠后，再增大加油的量和加快搅拌的速度。

（5）家庭制作时，若蛋液始终无法搅稠，可以另取一个蛋黄，重新搅拌，待把蛋液搅稠后，将原来调稀的蛋液倒入新的搅稠的蛋黄酱中，继续加油搅拌即可。

（6）存放时要加盖密封，避免高温、冷冻和强烈震动，以防脱油，一般以3℃冷藏为佳。

5. 适用范围

适用于各种蔬菜、水果和肉类菜肴，应用广泛。

（四）荷兰沙司（英语：Holland Sauce，法语：Sauce hollandaise）

1. 原料组成

如表4-7所示。

表4-7 荷兰沙司原料组成

成品500克		数量	单位
主料	鸡蛋黄 黄油	8 500	个 克
辅料	柠檬	1	个
液体调料	水	50	毫升
调料	盐和胡椒粉 绿辣椒粉	适量 适量	克 克
加工时间		15分钟	

2. 制作过程

（1）将黄油切成小片，放入不锈钢调料盆中，隔热水水浴加热。

（2）至黄油完全融化后离火，取表层析出的澄清黄油（底部的奶水不用），保温备用。

（3）将鸡蛋黄和冷水放入厚底的沙司锅内，用蛋抽搅打成起泡的蛋黄酱。把锅放入60℃的热水中，继续用蛋抽搅动。

（4）至蛋黄酱变成乳稠状时，分次加入热的清黄油，边加边搅动。

（5）待油加完，蛋黄酱搅泡后加柠檬汁、绿辣椒粉、盐和胡椒粉调味，过滤后成荷兰沙司，保温（40～50℃）备用。

3. 特点

色泽浅黄，有光泽，成乳膏状，绵软细腻，咸鲜微酸。

三、热沙司制作工艺（菜例）

（一）布朗沙司（英语：Brown Sauce，法语：La sauce espagnole）

1. 原料组成

如表4-8所示。

表4-8 布朗沙司原料组成

成品1升		数量	单位
主料	布朗小牛肉基础汤	1.5	升

续表

		成品1升	
		数量	单位
辅料	培根	50	克
	胡萝卜	50	克
	洋葱	50	克
	番茄	300	克
	番茄酱	40	克
	蘑菇	50	克
	大蒜	10	克
	香料束	1	束
浓稠料	黄油	60	克
	面粉	60	克
调料	盐和胡椒粉	适量	克
加工时间		1.5小时	

2. 制作过程

（1）将培根切成小丁，胡萝卜、洋葱去皮，切成小丁，大蒜去皮切碎，制成香料束。

（2）将锅中的黄油烧化，放入培根炒香出油，加胡萝卜、洋葱炒出水汽，加面粉炒匀。

（3）待面粉成浅褐色的面酱时，加入番茄酱炒匀，离火晾凉备用。

（4）将煮沸的布朗小牛肉基础汤分次倒入炒香的底料中搅匀上火煮沸后，加入番茄、蘑菇、大蒜碎和香料束。

（5）将锅加盖，转小火加热浓缩（或者送入160℃烤炉内，焖煮1.5小时）。

（6）至汤汁浓稠、发亮，味香浓时取出，去除香料束，撇去浮沫和浮油，加盐和胡椒粉调试口味后过滤，离火加黄油搅化，保温备用，或迅速冷却，冷藏保温备用。

3. 特点

色泽棕褐，汁稠发亮、味香浓，牛肉鲜味浓厚。

4. 制作要领

（1）若培根过咸，也可以事先焯培根，去除多余的咸味。

（2）番茄碎也可以放在炒料中一同炒香，去除多余的水汽。

（3）可以单独炒褐色面酱，炒香后加入汤中，调剂浓稠度。

（4）若没有烤炉，则可将沙司置于微火上加热浓缩，注意随时撇去浮沫，中途搅动，避免锅底和锅边焦煳。

（5）La sauce espagnole 直译为"西班牙沙司"。虽然名字是西班牙汁，但它是地道的法国类沙司，常常和褐色小牛肉浓缩汁（Le fond brun be veau lie）互换使用。

5. 适用范围

（1）适用于各类肉禽类菜肴。

（2）是各种布朗沙司的变化沙司的基础汁。

（二）布朗小牛肉浓缩汁（法：Le fond brun de veau lié）

1. 原料组成

如表4-9所示。

表4-9 布朗小牛肉浓缩汁原料组成

		成品1升	
		数量	单位
主料	布朗基础汤 速溶淀粉	1 30～60	升 克
辅料	洋葱 胡萝卜 西芹	15 15 15	克 克 克
液体调料	干红葡萄酒 雪利酒	30 30	毫升 毫升
调料	黄油 盐和胡椒粉	30 适量	克 克
加工时间		20分钟	

2. 制作过程

（1）将洋葱、胡萝卜和西芹洗净，切碎。淀粉放入碗中，加干红葡萄酒和雪利酒调匀。

（2）锅中加黄油烧化，放入洋葱、胡萝卜和西芹炒香，倒入布朗基础汤煮沸，撇去浮沫后转小火浓缩。待香味浓郁时，加入调匀的淀粉汁搅匀。

（3）至浓稠、发亮时过滤，用盐和胡椒粉调味，离火加黄油搅化，成布朗小牛肉浓缩汁。

3. 特点

色泽棕褐、浓稠，味咸鲜香浓，适用于畜肉、禽肉和野味类菜肴。

4. 制作要领

（1）注意浓稠度以浓稠粘匀、勺背有清晰刮痕、汁稠发亮为佳。

（2）褐色小牛肉浓缩汁常常和西班牙沙司互换使用。

5. 适用范围

（1）适用于各类肉禽类菜肴。

（2）是各种布朗沙司的变化沙司的基础汁。

（三）烧汁（英语：Half-glaze，法语：Demi-glace）

1. 原料组成

如表4-10所示。

表 4-10 烧汁原料组成

		成品0.5升	
		数量	单位
主料	布朗小牛肉浓缩汁或布朗沙司	2	升
辅料	黄油 蘑菇	15 150	克 克
液体调料	波尔图甜葡萄酒或 马德拉葡萄酒	100	毫升
调料	盐和胡椒粉	适量	克
加工时间		20 分钟	

2. 制作过程

（1）将蘑菇切成小片。

（2）锅中加黄油烧化，放入蘑菇片炒香，加波尔图甜葡萄酒煮干，倒入布朗小牛肉浓缩汁或布朗沙司煮沸。

（3）转小火保持汁面微沸，继续加热浓缩，边加热边搅动。

（4）至原来体积的1/4时，加盐和胡椒粉调味，离火过滤，保温，或迅速冷却，冷藏备用。

3. 特点

色泽呈深褐色，汁稠发亮粘匀，牛肉和蔬菜香味浓郁。

4. 制作要领

（1）浓缩时应用小火，中途可将烧汁过滤2～3次，以免煳锅。

（2）在浓缩过程中，若烧汁的汁量减少了，应换个小的沙司锅，继续加热浓缩烧汁。

（3）最后烧汁中还可以加入少量的肉胶冻汁以增加浓厚烧汁的香味。

（4）制成的烧汁，可以用干净的纱布过滤，汁的质感更加细腻。

5. 适用范围

（1）烧汁的应用很广泛，常用作烧烤类菜肴的调味汁，如烤羊腿、烤西冷牛脊和烤火鸡。

（2）在制作其他沙司时，若香味不浓，也可以加入烧汁浓味。

（3）它可以加入其他的沙司中，有调色、增量、装饰和点缀等作用。

（四）波尔多红酒汁（Sauce Bordelaise）

1. 原料组成

如表4-11所示。

表 4-11 波尔多红酒汁原料组成

		成品 480 毫升	
		数量	单位
主料	红洋葱碎 香叶 百里香 黑胡椒碎 牛骨髓（煮熟）	30 1 1 1 7	克 片 枝 克 克
辅料	番芫荽 肉胶冻汁 黄油	1 20 7	克 毫升 克
液体调料	波尔多红酒 烧汁	1 1	升 升
调料	盐和胡椒粉	适量	克
加工时间		30 分钟	

2. 制作过程

（1）将红洋葱、黑胡椒碎、香叶、百里香和波尔多红酒倒入锅中，用小火加热浓缩。

（2）待酒汁煮干后，倒入烧汁。煮至浓稠、粘勺时，过滤。

（3）加入煮过的牛骨髓粒、肉胶冻汁搅匀。

（4）加盐和胡椒粉调味后离火，放入小块黄油搅化，保温备用。

（5）上菜前，撒上番芫荽碎即成。

3. 特点

色泽酱褐色，酒香浓郁，汁稠发亮，味厚不腻。

4. 制作要领

（1）选用红洋葱作主料。若用洋葱则会熬煮出太多甜味，影响沙司的整体风味。

（2）用小火煮出红酒过多的酸味，将香味熬煮出来，不宜用大火熬煮。

（3）最后汁中加黄油增亮，增加滋润度。

5. 适用范围

（1）适用于各种红肉类、禽类及野味类菜肴。

（2）若使用波尔多白酒来制作波尔多白酒酱汁，则可用于配搭海鲜鱼类和白肉类菜肴，风味独特。

（五）浓汁类沙司（法语：Velouté）

1. 白色浓汁沙司（法语：Velouté）

（1）原料组成　如表4-12所示。

表 4-12 白色浓汁沙司原料组成

		成品1升	
		数量	单位
主料	白色小牛肉基础汤或 白色鸡肉基础汤或 鱼精汤汁 黄油（增亮）	1 1 1 20	升 升 升 克
辅料	白色黄油面酱 黄油 面粉	40～70 40～70	克 克
液体调料	—	—	—
调料	盐和胡椒粉	适量	克
加工时间		20～30分钟	

（2）制作过程

① 锅中加黄油烧化，放入面粉炒匀。

② 待面粉炒干水汽，出香味（未变色）时，将面酱离火晾凉。

③ 将一半煮沸的白色基础汤倒入晾凉的黄油面酱中，用木质搅勺搅拌均匀。

④ 再加入剩余的一半白色基础汤，充分搅匀。

⑤ 将酱汁上火煮制，边煮边搅。

⑥ 待酱汁沸腾后转小火，保持汁面微沸，煮约15分钟。边煮边搅。

⑦ 至汤汁浓稠时，将汁过滤，用盐和胡椒粉调味，最后加入小块黄油搅化即成。加盖保温备用，或迅速冷却冷藏备用。

（3）特点 色泽乳黄，酱汁浓稠，咸鲜清淡，适口不腻。

（4）制作要领

① 制作黄油面酱时，火力宜小，以木质搅勺搅拌均匀，切忌焦煳。

② 黄油面酱炒制面酱翻砂、无水汽、不变色时被称为白色黄油面酱。

③ 基础汤分次加入面酱中，用煮沸的基础汤倒入冷却的面酱中搅拌，面酱不会结块，容易搅拌均匀。

④ 掌握酱汁煮制的浓稠度，以浓稠粘匀、类似中餐的二流芡的程度为佳。

⑤ 也可以用蛋黄和奶油的混合汁来对白色浓汁沙司进行增稠，效果更佳。

（5）适用范围

① 本酱汁通常作为西餐浓汁酱汁的基础沙司，在此沙司的基础上，加入其他的调料。变化成各种风味的特色浓汁沙司，例如，白酒沙司、曙光沙司、贝尔西沙司、束法沙司。

② 适合于各类蔬菜、白肉类和煮制海鲜鱼类的菜肴。

2. 白色束法汁（White French Dressing）

（1）原料组成　如表4-13所示。

表4-13　白色束法汁原料组成

		成品1升	
		数量	单位
主料	白色鸡肉基础汤	1/2	升
辅料	黄油 面粉 明胶片	30 30 20	克 克 克
液体调料	淡奶油 柠檬汁	1/2 1/2	升 个
调料	盐和胡椒粉	适量	克
加工时间		30分钟	

（2）制作过程

① 锅中加黄油烧化，放入面粉炒匀，成白色黄油面酱，离火凉凉后，分次加入煮沸的白色鸡肉基础汤，制作成白色鸡肉浓汁。

② 将淡奶油加入白色鸡肉浓汁中拌匀煮沸，用小火保持微沸。

③ 将明胶片放入少量清水中化软。

④ 将明胶片放入微沸的酱汁中继续搅匀，加少许柠檬汁、盐和胡椒粉调味。

⑤ 将酱汁过滤，倒入容器中冷藏备用。

⑥ 待酱汁稍冷、黏稠时，将酱汁淋在所需原料上装饰制作即成。

（3）特点　色泽乳白，酱汁黏稠，味清淡适宜。

（4）制作要领

① 酱汁制作中，注意小火加热，边加热边搅动，避免酱汁煳锅粘底。

② 明胶片用水泡软，加入酱汁中要搅化，避免结块。

③ 酱汁浓度适宜，类似半流体状，过滤后质感细腻。

（5）适用范围

① 本酱汁属于啫喱奶油汁，适用于西式自助餐常见的大型镜盘装饰菜品，例如，所有的整形的鸡、鸭、海鲜鱼类、肉类等的束法菜肴装饰。

② 适用于小型盘饰的装饰菜肴。

（六）白汁类沙司（英语：Bechamel Sauce，法语：Sauce béchamel）

1. 白汁沙司（英语：Bechamel Sauce，法语：Sauce béchamel）

（1）原料组成　如表4-14所示。

表 4-14 白汁沙司原料组成

		成品1升	
		数量	单位
主料	牛奶 洋葱	1 30	升 克
主料	黄油 香叶 百里香 豆蔻粉	10 1 2 1	克 片 枝 克
辅料	白色黄油面酱 黄油 面粉 黄油（增亮）	50～70 50～70 20	克 克 克
液体调料	—	—	—
调料	盐和胡椒粉 豆蔻粉	适量 适量	克 克
加工时间		12～15分钟	

（2）制作过程

① 将黄油烧化，放入洋葱炒香，呈半透明状时倒入牛奶煮沸，加豆蔻粉、香叶、百里香、盐和胡椒粉转小火，煮15分钟备用。

② 锅中加黄油烧化，放入面粉炒匀。

③ 待面粉炒干水汽，出香味（未变色）时，将面酱离火凉凉。

④ 将一半煮沸的牛奶倒入凉凉的黄油面酱中，用木质搅勺搅拌均匀。

⑤ 再加入剩余的一半牛奶，充分搅匀。

⑥ 将酱汁上火煮制，边煮边搅。

⑦ 待酱汁沸腾后转小火，保持汁面微沸，煮约15分钟，边煮边搅。

⑧ 至汤汁浓稠时，将汁过滤，用豆蔻粉、盐和胡椒粉补充调味，最后加入小块黄油搅化即成，加盖保温备用，或迅速冷却冷藏备用。

（3）特点　色泽奶白，酱汁浓稠，咸鲜清淡，适口不腻。

2. 奶油沙司（Cream Sauce）

（1）原料组成　如表4-15所示。

表 4-15 奶油沙司原料组成

		成品1升	
		数量	单位
主料	蛋黄 淡奶油 柠檬汁 黄油（增亮）	2 200 1 20	个 毫升 个 克

续表

成品1升			
		数量	单位
辅料	黄油	70	克
	面粉	70	克
液体调料	牛奶	800	毫升
	淡奶油	200	毫升
调料	盐和胡椒粉	适量	克
加工时间		12~15分钟	

(2) 制作过程

① 将蛋黄和淡奶油搅匀后备用,将800毫升牛奶和200毫升淡奶油放入锅中煮沸备用。

② 锅中加黄油烧化,放入面粉炒匀。待面粉炒干水汽,出香味(未变色)时,将面酱离火凉凉。

③ 将煮沸的牛奶和淡奶油混合汁倒入晾凉的黄油面酱中,制成白汁沙司。

④ 将白汁沙司加热浓缩6~8min,边加热边搅动。

⑤ 将剩余的淡奶油和蛋黄奶油汁倒入沙司中,继续浓缩约5分钟,加柠檬汁、盐和胡椒粉调味。

(3) 特点 色泽乳白,酱汁浓稠,奶香味浓,咸鲜适口不腻。

(4) 制作要领

① 把牛奶和面酱搅匀后,再上火煮制。中途要不断地搅动锅底,以免面酱粘底、煳锅。

② 蛋黄奶油汁应该离火加入,搅匀后再上火加热,以免过度受热,起蛋花。

③ 沙司做好后,应加入黄油搅化,起到增亮和防止干皮的作用。

(5) 适用范围 适用于各种海鲜鱼类、蔬菜和白肉类菜肴。

3. 毛恩内沙司(Mornay Sauce)

(1) 原料组成 如表4-16所示。

表4-16 毛恩内沙司原料组成

成品1升			
		数量	单位
主料	白汁沙司	1	升
	黄油(增亮)	20	克
辅料	鸡蛋黄	4	个
	瑞士格鲁耶尔(Gruyère)干酪	80	克
	奶油	10	克

续表

成品1升			
		数量	单位
液体调料	—	—	—
调料	盐和胡椒粉	适量	克
加工时间		15~20 分钟	

（2）制作过程

① 取4个鸡蛋黄，用少许的奶油调匀备用。

② 将格鲁耶尔干酪用芝士刨刀刮成细丝备用。

③ 制作白汁沙司。

④ 将白汁沙司离火，倒入调匀的蛋黄奶油汁，搅拌均匀。

⑤ 上火再次煮沸，过滤后，保温备用。

⑥ 上菜前，撒入格鲁耶尔干酪丝拌匀，再加适量黄油小片搅化，加适量的盐和胡椒粉调味，保温即成。

（3）特点　色泽乳黄，酱汁浓稠，味咸鲜香浓，芝士味浓郁，风味独特。

（4）制作要领

① 浓缩加热时，要用蛋抽搅拌均匀，避免结块或焦糊。

② 格鲁耶尔干酪丝通常在上菜前加入酱汁中，风味最佳，不宜过早放入。

③ 也可以用法国汝拉（Jura）干酪或（瑞士）爱芒特干酪（Emmenal）代替格鲁耶尔干酪，风味亦佳。

（5）适用范围　适用于各种焗烤类的海鲜鱼类、白肉类、禽类和蔬菜类菜肴等。

（七）番茄沙司（英语Tomato Sauce，法语：Sauce tomate）

1. 原料组成

如表4-17所示。

表 4-17　番茄沙司原料组成

成品1升			
		数量	单位
主料	白色小牛肉基础汤 黄油（增亮）	1 20	升 克
辅料	培根 胡萝卜 洋葱 番茄 番茄酱 蘑菇 大蒜 香料束	100 100 100 1000 100 50 20 1	克 克 克 克 克 克 克 束

续表

		成品1升	
		数量	单位
浓稠料	黄油	60	克
	面粉	50	克
调料	盐和胡椒粉	适量	克
	糖粉	适量	克
加工时间		1.5 小时	

2. 制作过程

（1）将培根切成小丁，胡萝卜、洋葱去皮，切成小丁，大蒜去皮切碎，番茄去皮、去籽、去蒂，切碎，制成香料束。

（2）锅中加黄油烧化，放入培根炒香出油，加胡萝卜、洋葱炒出水汽，加面粉炒匀。

（3）待面粉成为浅褐色的面酱时，加入番茄酱炒匀，离火凉凉备用。

（4）将煮沸的白色小牛肉基础汤分次倒入炒香的底料中搅匀，上火煮沸后，加入番茄、蘑菇、大蒜碎、香料束、糖粉、盐和胡椒粉调味。

（5）将锅加盖，转小火加热浓缩（或者送入160℃烤炉内，焖煮1.5小时）。

（6）至汤汁浓稠、发亮，味香浓时取出，去除香料束，撇去浮沫和浮油，调试口味后过滤，离火加黄油搅化，保温备用，或迅速冷却，冷藏保温备用。

3. 特点

色泽棕红，汁稠发亮、味香浓，番茄味浓厚。

4. 制作要领

（1）若培根过咸，也可以事先焯培根，去除多余的咸味。

（2）番茄碎也可以放在炒料中一同炒香，去除多余的水汽。

（3）可以单独炒褐色面酱，炒香后加入汤中，调节浓稠度。

（4）若没有烤炉，则可将沙司置于微火上加热浓缩，注意随时撇去浮沫，中途搅动，避免锅底和锅边焦糊。

（5）煮制中途要取出，搅动锅底和锅边的原料，以免焦糊。

（6）随时撇去汤面多余的浮油和浮沫，以免影响沙司的风味。

（7）制作中加入糖粉，有和味的作用。但用量宜少，以不显现甜味为佳。

5. 适用范围

（1）番茄沙司是西餐中常用的调味汁，适用于各种面食和蔬菜类菜肴，在意大利菜肴中应用最广，如意大利面条、意大利馄饨，也适合各类蔬菜、焗烤类菜肴。

（2）常用作各种番茄类变化沙司的基础汁。

四、黄油酱类沙司制作工艺（菜例）

黄油酱类包括冷制生料黄油酱类、冷制熟料黄油酱类和热制黄油酱类。

（一）酒店管事黄油（英语：Maitred'Hotel Butter，法语：Beurre Maîtred'hôtel）

1. 原料组成

如表4-18所示。

表 4-18 酒店管事黄油原料组成

成品 10 人份			
		数量	单位
主料	黄油	200	克
辅料	番芫荽碎	25	克
液体调料	柠檬汁	1/2	个
调料	盐和胡椒粉	适量	克
加工时间		20 分钟	

2. 制作过程

（1）将番芫荽切碎，柠檬去籽，榨汁备用。

（2）将黄油切成小块，放入碗中，送入微波炉内加热。

（3）至黄油变软后取出，用蛋抽搅匀。

（4）加入番芫荽碎、柠檬汁、盐和胡椒粉调味，成软化的黄油酱。

（5）将黄油酱置于保鲜膜或油纸上，卷裹成直径3厘米的长条，送入冰箱冷藏备用。

或者将黄油酱放入裱花袋中，挤成漂亮的花形，冷藏备用。

（6）使用前取出切片，上菜即可。

3. 特点

细腻软滑，咸中带酸，香味浓郁，风味独特。

4. 制作要领

（1）搅拌黄油时，环境的温度不宜过高或过低，以使黄油逐渐软化、呈软膏状为宜。

（2）沙司做好后，可以放在保鲜膜或是锡箔纸上，卷成直径约3厘米的长圆条，送入冰箱中冷冻。待凝结冻硬后取出，切成厚片，备用。

5. 适用范围

酒店管事黄油主要适用于铁扒的肉类和海鲜鱼类菜肴。

（二）螯虾黄油（Beurre de homard）

1. 原料组成

螯虾黄油原料组成如表4-19所示。

表4-19 螯虾黄油原料组成

		数量	单位
成品10人份			
主料	黄油	200	克
辅料	螯虾肉 螯虾油 螯虾卵	80 适量 适量	克
液体调料	—	—	—
调料	盐和胡椒粉 绿辣椒粉	适量 适量	克 克
加工时间		20分钟	

2. 制作过程

（1）将螯虾去壳后取肉，切碎炒香，用食物搅拌机搅碎成螯虾酱备用。

（2）将黄油切成小块，放入碗中，送入微波炉内加热。至黄油变软后取出，用蛋抽搅匀。

（3）将螯虾酱、螯虾油、螯虾卵放入软化的黄油中，搅拌均匀后过滤，加绿辣椒粉、盐和胡椒粉调味，成软化的黄油酱。

（4）将黄油酱放于保鲜膜或油纸上，卷裹成直径3厘米的长条，送入冰箱冷藏备用。

（5）或者将黄油酱放入裱花袋中，挤成漂亮的花形，冷藏备用。

（6）使用前取出切片，上菜即成。

3. 特点

色泽浅红，味咸鲜味美，适口不腻。

4. 制作要领

（1）螯虾去壳取肉后炒香，便于精细加工，酱汁更细腻。

（2）也可换用淡水大头虾制作成大头虾黄油。

5. 适用范围

螯虾黄油主要应用于鸡尾酒会上的三文治吐司片、香烤吐司片等。将螯虾黄油涂抹在烤香的吐司上，以增进风味。

（三）海鲜虾酱黄油（Beurre rouge ou beurre de crustacés-homard, écrevisses）

1. 原料组成

如表4-20所示。

表4-20 海鲜虾酱黄油原料组成

		成品10人份	
		数量	单位
主料	黄油	200	克
辅料	海鲜虾蟹肉（小龙虾、淡水大头虾、大虾、蟹等）	200	克
	虾蟹油	适量	
	虾蟹卵	适量	
	年糕	适量	
液体调料	—	—	—
调料	盐和胡椒粉	适量	克
	绿辣椒粉	适量	克
加工时间		20分钟	

2. 制作过程

（1）将虾蟹肉等用食物搅拌机搅碎，与年糕一起炒成虾蟹肉蓉，煮熟浓缩成虾蟹肉酱备用。

（2）将黄油切成小块，放入碗中，送入微波炉内加热。至黄油变软后取出，用蛋抽搅匀。

（3）将浓缩虾蟹肉酱、虾蟹油、虾蟹卵放入软化的黄油中，搅拌均匀后过滤，加绿辣椒粉、盐和胡椒粉调味，成软化的黄油酱。

（4）将黄油酱放于保鲜膜或油纸上，卷裹成直径3厘米的长条，送入冰箱冷藏备用。

（5）或者将黄油酱放入裱花袋中，挤成漂亮的花形，冷藏备用。

（6）使用前取出切片，上菜即成。

3. 特点

色泽浅红，咸鲜香浓，适口不腻。

4. 制作要领

选用新鲜的虾蟹制作浓缩虾蟹肉酱，用搅拌机搅碎后过滤，便于精细加工，酱汁更细腻。

5. 适用范围

海鲜虾酱黄油主要适用于海鲜虾蟹类菜肴沙司或汤的补充调味汁，如主教沙司、虾蟹沙司、龙虾奶油汁、海军元帅沙司、维多利亚沙司。

五、甜点沙司酱类制作工艺（菜例）

甜点沙司酱类主要包括尚蒂伊鲜奶油酱、英式鲜奶油酱、糕点鲜奶油酱。

（一）尚蒂伊鲜奶油酱（Crème Chantilly）

1. 原料组成

如表4-21所示。

表4-21 尚蒂伊鲜奶油酱原料组成

成品1升		数量	单位
主料	鲜奶油	1	升
辅料	—	—	—
液体调料	—	—	—
调料	香兰素精 糖粉	少许 150	克
加工时间		20 分钟	

2. 制作过程

（1）将鲜奶油倒入不锈钢小盆内，加入香兰素精拌匀。

（2）将装有鲜奶油的不锈钢盆放于装有冰块的大盆中，隔冰水用蛋抽将奶油打发。

（3）至奶油发泡、挺身时，加入糖粉拌匀即成。

3. 特点

酱汁松泡，香甜适口，奶香味足。

4. 制作要领

（1）本酱汁适合选用优质的不锈钢盆制作，小盆装奶油，大盆装冰块，制作方便。

（2）本酱汁制作时要求奶油冰冷，若温度过高可以隔冰块搅打，便于打发。

（3）奶油不宜过度打发，否则成品不饱满，无光泽。

5. 适用范围

本酱汁使用面广，主要应用于各式西式甜点或糕点的配汁和装饰等。

（二）英式鲜奶油酱（Crème Anglaise）

1. 原料组成

如表4-22所示。

表4-22 英式鲜奶油酱原料组成

	成品1升	数量	单位
主料	牛奶 鸡蛋黄 香子兰香草荚	1 8~10 1	升 个 支
辅料	—	—	—
液体调料	—	—	—
调料	糖粉	200	克
加工时间		20分钟	

2. 制作过程

（1）将牛奶倒入沙司锅中，放入刮开的香子兰草荚煮沸，保温备用。

（2）将鸡蛋黄装入不锈钢盆中，加糖粉拌匀，用蛋抽搅打至发白、发泡。

（3）将煮沸的牛奶分次倒入蛋黄酱中，边倒边搅动，至牛奶全部倒完。

（4）将搅匀的蛋奶浆重新倒入沙司锅中，上火加热，边加热边搅动。

（5）至蛋奶浆浓稠、粘匀时，离火过滤，倒入盆中，用冰水迅速冷却，冷藏备用。

3. 特点

酱汁乳黄，香甜适口，奶香味足。

4. 制作要领

（1）制作时，将牛奶加香子兰香草荚煮沸，增加牛奶的香味。

（2）分次将煮沸的牛奶倒入搅匀的蛋黄中，边加边搅动，以免蛋黄过度受热凝固成块。

（3）煮制蛋奶浆时用小火，边煮边搅拌，至蛋黄浆接近微沸时离火，以免蛋黄过度受热凝固成块，影响酱汁的细腻度。

（4）可以用浓缩咖啡粉或可可粉或开心果等代替香子兰香草荚等，制作出不同风味的牛奶酱汁。

（5）利口酒在鲜奶油酱制作好后加入，风味更佳。

（6）英式奶油酱也可以称为香草奶油酱汁。

5. 适用范围

本酱汁使用面广，主要应用于各式西式甜点或糕点的配汁等，如雪花蛋奶等甜点。

项目 3 西式凉菜

一、沙拉（菜例）

（一）蔬菜沙拉（Mixed Salad）

1. 原料

（1）主料　番茄、黄瓜、包生菜、胡萝卜、紫包菜、甜椒、洋葱圈、甜玉米粒。

（2）辅料　橙子、洋香菜。

（3）调料　千岛汁。

2. 制作过程

（1）将主料洗净，包生菜撕片垫底。番茄和黄瓜切片，胡萝卜和紫包菜切丝，甜椒和洋葱切圈，放在生菜上。

（2）橙子去皮改刀成瓣，和玉米粒、洋香菜撒在盘上装饰即成。

（3）上菜时配千岛汁。

3. 菜肴特点

颜色艳丽，脆嫩适口。

（二）蛋黄酱（Mayonnaise Sauce）

1. 原料

蛋黄2个，橄榄油或色拉油250毫升，法国芥末5克，醋精或柠檬汁、盐、白胡椒粉、凉开水适量。

2. 制作过程

（1）将蛋黄放入陶瓷器皿内，加入盐、白胡椒粉、芥末粉。

（2）用蛋抽将蛋黄搅匀，然后逐渐加入橄榄油，并用蛋抽不断搅拌，以使蛋黄和油融为一体。

（3）当浓度变黏稠，搅拌吃力时，加入少量的凉开水和醋精，加以稀释，使颜色变浅白后，再继续加油，直至将橄榄油全部加完。

3. 菜肴特点

色泽浅黄，有光泽，口感细腻、绵软，口味酸咸，微辣。

(三)千岛沙司(Thousand Islands Sauce)

1. 原料

蛋黄酱600克,番茄沙司150克,煮鸡蛋1个,花生25克,酸黄瓜30克,柠檬汁、白兰地酒、盐、胡椒粉适量。

2. 制作过程

将煮鸡蛋、酸黄瓜、花生切碎,与番茄沙司和蛋黄酱混合,加入柠檬汁、白兰地酒、盐、胡椒粉搅拌均匀即可。

3. 菜肴特点

粉红色,半流体,味酸甜,微咸。常用于虾、蟹、贻贝等海鲜和炸鱼等。

(四)水果沙拉(Fruit Salad)

1. 原料

(1)主料 苹果、梨、橙子、香蕉、草莓。

(2)辅料 叶生菜。

(3)调料 蛋黄酱、鲜奶油、柠檬汁。

2. 制作过程

(1)将主料洗净,苹果、梨、香蕉去皮和去籽切成丁,橙子去皮改刀成瓣。

(2)容器中用生菜垫底,水果丁混合后放入。

(3)上放草莓浇汁(蛋黄酱加鲜奶油和柠檬汁)。

3. 菜肴特点

香甜开胃,爽脆适口。

(五)海鲜沙拉(Seafood Salad)

1. 原料

(1)主料 大虾、虾仁、带子、鲈鱼。

(2)辅料 叶生菜、番茄、黄瓜、洋葱碎、洋香菜、香葱。

(3)调料 蛋黄酱、柠檬汁、盐、胡椒粉。

2. 制作过程

(1)将鲈鱼肉、带子、虾仁切成丁过水备用。

(2)番茄、黄瓜切片放入容器中加叶生菜、柠檬汁拌匀,放在盘中间。

(3)将带子、虾仁、鲈鱼丁拌蛋黄酱调味,再撒入洋葱碎、香葱、盐和胡椒粉拌匀,放模具中扣入盘中。上放熟虾仁、洋香菜装饰即成。

3. 菜肴特点

色彩鲜艳,造型美观。

二、胶冻类（菜例）

法式海鲜冻（French Seafood in Aspic）

1. 原料

（1）主料　大虾30克、鲈鱼30克、鱿鱼30克。

（2）辅料　鱼子酱、西芹、洋葱、胡萝卜、蛋黄酱、鱼胶粉、生菜、法香。

（3）调料　盐、胡椒粉、香叶、白醋。

2. 制作过程

（1）将虾、鲈鱼、鱿鱼初加工。

（2）锅中放水，洋葱、西芹、胡萝卜切片煮沸，加调料调味，将虾、鱼肉、鲜鱿鱼放入煮熟捞出放凉。

（3）把海鲜放入容器入冰箱凉透，把50克胶冻汁加入蛋黄酱内搅匀，浇在海鲜上，放入冰箱，使其凝结。

（4）凝结后的海鲜上点缀上鱼子酱，再浇上一层胶冻汁再放入冰箱凝结，反复数次。

（5）将做好的海鲜冻放入盘中，用生菜、法香装饰。

3. 菜肴特点

晶莹透亮，鲜香滑嫩。

项目 4 配菜

一、什么是配菜

（一）西餐配菜的概念

西方人的饮食习惯是一种理性饮食观念。不论食物的色、香、味、形如何，营养一定要得到保证，讲究一天要摄取多少热量、维生素、蛋白质等。即便口味千篇一律，也一定要吃下去——因为有营养。饮食上可以讲究餐具，讲究用料，讲究服务，讲究菜的原料的形、色方面的搭配；色彩上对比鲜明，但在滋味上各种原料互不相干，各是各的味，简单明了。

（二）西餐配菜的定义

西餐配菜就是在西餐菜肴制作中主要食物原料和辅助食物原料之间的搭配关系，实现突出主料、搭配营养，总体形成菜肴的营养、原料、色彩、造型的和谐统一。

（三）西餐配菜的作用

西餐配菜是西餐菜肴制作中不可忽视的重要组成部分。它能够使菜肴主、辅料的营养搭配更趋完美，进一步起到补充菜肴营养的作用，特别是对酸性类食物中的各种肉食，搭配以碱性类食物的蔬菜，对保持人体营养均衡是不可或缺的。

（四）西餐配菜的原则

1. 量的搭配

在西餐菜肴配菜制作中必须注意配菜和主料之间的数量关系，在突出主料和控制菜肴的原料使用总量的同时，主料在数量上占主体地位，配菜在数量上占搭配地位。当主料因价格过高，其使用量减少时，配菜的数量可适量提高或注重配菜的质量；当主料营养过高时，配菜的营养价值可适量减少，达到均衡营养的作用。

2. 质的搭配

在西餐菜肴配菜制作中还必须注意菜肴质地和配菜的关系。在突出菜肴主要特点上，注意配菜和菜肴的主要质地特点的搭配。要同质相配，即在菜肴的主料质地和配菜质地上应软软相配、脆脆相配、嫩嫩相配、韧韧相配。质地的搭配还包括营养膳食的搭配技巧，菜肴主料的营养和配菜的营养应相互补充。在实际中必须注重西餐营养搭配的合理性，关键是厨师必须熟练地掌握各种原料的营养成分、营养使用中的禁忌等方面的知识。

3. 味的搭配

味的搭配就是西餐制作中必须注意菜肴主料的调味和配菜的口味搭配和谐统一，不能冲突，特别是浓淡相配：即以配菜味的清淡衬托主料味的浓厚；淡淡相配：即菜肴整体清淡典雅；香香相配：即菜肴主料和配菜在香味搭配上突出香脆酥嫩。

4. 色的搭配

色的搭配就是配菜的颜色搭配和主料相互适应。菜肴主辅料的色彩搭配要求协调、美观、大方，有层次感，色彩搭配的一般原则是配料衬托主料以使色泽效果令人赏心悦目；配菜的颜色不能太突出，避免压制主料的特色；配菜的颜色搭配必须以配合主料的颜色为目的，突出主料的色泽。

5. 形的搭配

配菜的形是单一的形，不是菜肴整体的造型，是指经刀工处理后的菜肴主、辅原料的形状的搭配结构。同形配是主料和配菜的形态、大小等规格保持一致；异形配是主料和配菜的形状不同、大小不一，最终实现整体造型的和谐。在西餐菜肴制作中刀工处理的方法相对简单，但是刀工的目的明确，主要还是为了菜肴的造型美观适用。

6. 成本的搭配

在配菜的搭配原则上还必须注意菜肴的总成本和配菜成本的关系，不能喧宾夺主。在成本的搭配上要做到配菜成本不能超过菜肴总成本的20%。同一主料、配菜有粗细、等级差异，如何合理地搭配菜肴的成本是管理好餐饮企业的关键，是公平合理经营餐厅的关键。

二、配菜制作工艺（菜例）

西餐配菜的种类主要包括：土豆类、米饭类、意粉类和其他蔬菜类。

制作方法包括：西餐烹调的烤、煮、炸、焗、烩、焖、煎、蒸等。

西餐配菜的特点：配菜的口味多变、造型各异。配菜的花样繁多、品种齐全。

（一）土豆类配菜

1. 锡纸烤土豆（Tin Foil Roasts the Potato）

实训目的：制作各种肉类菜肴的配菜或是煎、扒等烹调方法的菜肴的配菜。

实训要求：土豆软硬适度、表皮光滑、造型美观、色香味美。

实训原料：土豆500克，锡箔纸10张，酸奶油150克，烟肉150克，香葱15克。

学时数：1学时

实训方法、步骤：

（1）选用大小适中的圆形土豆，洗净土豆表皮。

（2）将土豆用锡纸包好放入温度220℃的烤箱内，烤熟后取出。

（3）用毛巾挤压锡纸光滑表面，在土豆的中间开十字刀口，挤压四周，使土豆开花。

（4）淋上酸奶油、撒上炸好的烟肉碎和香葱碎，即可食用。

注意事项

（1）选用的土豆品种最好是本地小土豆或是红皮土豆，烤好后口味最佳。

（2）酸奶油可用牛奶加柠檬汁调和替代。

（3）烤好的土豆要保温，4小时内必须使用，否则土豆会变色影响质量。

烹调工具：烤箱、煎锅、小刀、烤盘等。

2. 煮土豆橄榄（Boils the Potato Olive）

实训目的：制作各种肉类、禽类原料配菜或是煎、炒、扒、炸烹调的菜肴的配菜。

实训要求：土豆橄榄成型美观、表皮光亮、软硬适度。

实训原料：土豆500克，黄油15克，盐15克，胡椒15克，鲜茴香5克。

学时数：1学时。

实训方法、步骤：

（1）先把土豆削成橄榄形，用水煮熟后冲冷水备用。

（2）制作菜肴结束要配菜时再把土豆橄榄放入锅中。

（3）用开水、盐、胡椒粉清煮加热即可。

（4）配盘时再淋上融化的黄油，撒上芫荽碎或鲜茴香香料即可食用。

注意事项

（1）煮制土豆的火候不能太猛，土豆的表面才不会烂掉。

（2）搭配的土豆橄榄一定要加热后才能装盘配菜。

（3）一定要用黄油、盐水煮热的土豆才能装盘配菜。

烹调工具：小刀、菜板、不锈钢盆、漏斗、小锅等。

3. 黄油焗土豆（Buter Baked Potato Olive）

实训目的：制作各种肉类、禽类原料配菜或是煎、炒、扒、炸烹调的菜肴的配菜。

实训要求：土豆橄榄成型美观、软硬适度、色泽金黄、外酥内嫩。

实训原料：土豆500克，黄油50克，李派林15克，洋葱50克，盐、胡椒适量。

学时数：1学时。

实训方法、步骤：

（1）先把土豆削成橄榄形，洗净备用。

（2）煎锅内放黄油，将土豆用中火煎成金黄色。

（3）再放入焗炉内烤熟，撒盐、胡椒粉、洋葱和少许李派林汁即可保温食用。

注意事项

（1）煎的颜色不能太深，因为焗烤的时候还有较高的温度。

（2）土豆橄榄切好先泡水里，要不然时间长了会变色，影响菜肴质地。

烹调工具：小刀、菜板、不锈钢盆、漏斗、煎锅、烤箱、小锅等。

4. 洋葱丝炒土豆（Fried Onion Potato）

实训目的：制作各种肉类、禽类原料配菜或是煎、炒、扒、炸烹调的菜肴的配菜。

实训要求：掌握土豆类配菜的制作方法和变换基础。

实训原料：土豆500克，黄油50克，洋葱50克，烧汁50克，盐、胡椒适量。

学时数：1学时。

实训方法、步骤：

（1）先把土豆削成橄榄形，洗净。

（2）煎锅内放黄油，将土豆用中火煎成金黄色。

（3）再放入焗炉内烤熟，炒锅内放黄油炒香洋葱丝。

（4）放入烤熟的土豆，加入适量的烧汁、盐、胡椒调味即可保温食用。

注意事项

（1）洋葱要炒到金黄色和土豆的颜色相搭配。

（2）土豆也可切配成片、丁、块来配合主料的造型。

烹调工具：小刀、菜板、不锈钢盆、漏斗、煎锅、烤箱、小锅等。

5. 炸薯条（French Fries）

实训目的：制作适用于各种肉类、禽类原料的配菜，或者配沙拉或三文治菜肴。

实训要求：掌握土豆类菜肴配菜的炸制方法。

实训原料：土豆500克，盐、胡椒适量。

学时数：1学时。

实训方法、步骤：

（1）先把土豆去皮切长条，冲冷水去掉土豆淀粉。

（2）放入160℃的炸炉炸5分钟取出。

（3）再放入190℃炸炉内高温炸至土豆条呈金黄色、酥脆捞出，再撒上适量的盐和胡椒即可。

注意事项

（1）必须现炸现用。

（2）炸土豆条或土豆片也可配沙拉等冷菜食用。

（3）现在很多地方都使用快餐用的冷冻薯条，直接放入190℃的炸炉炸至土豆条金黄色、酥脆即可。

（4）土豆选用黄皮大土豆。

烹调工具：小刀、菜板、不锈钢盆、漏斗、炸炉、小锅等。

6. 乡村式土豆片（Country Fries）

实训目的：制作适用于各种肉类、禽类原料的配菜，或者配沙拉或三文治菜肴。

实训要求：掌握土豆类菜肴的乡村式的烹调方法。

实训原料：土豆500克，盐、胡椒粉适量，脆粉100克。

学时数：1学时。

实训方法、步骤：

（1）把土豆去皮切片，冲冷水去掉土豆淀粉。

（2）放入煎锅内两面煎黄。

（3）放入少许脆粉，撒上盐和胡椒粉调味即可。

注意事项

（1）土豆片要酥脆主要是脱去土豆淀粉和少许脆粉的混合使用。

（2）选用有很好黏性的红皮土豆为佳。

烹调工具：小刀、菜板、不锈钢盆、漏斗、炸炉、小锅等。

7. 香草酿土豆（Herbed Potato Wedges）

实训目的：制作各种肉类、禽类原料的配菜，也可用在烩、焖、煮烹调的菜肴。

实训要求：掌握酿制土豆类菜肴的基础知识和技能技巧。

实训原料：土豆500克，面包糠150克，黄油50克，迷迭香3克，香草2克。

学时数：1学时。

实训方法、步骤：

（1）把土豆去皮切方块，中间十字形挖空。

（2）将挖空的土豆酿入香草、面包糠、黄油、迷迭香。

（3）放入220℃的烤箱内至土豆成熟、软和即可保温食用。

注意事项

（1）主要是香草酱的调和，香料不能太重，不然会压制土豆的原始香气。

（2）选用红皮土豆为佳。

烹调工具：小刀、菜板、不锈钢盆、漏斗、烤箱、小锅等。

8. 公爵夫人土豆（Duchess Potatoes）

实训目的：制作各种肉类、禽类原料的配菜，也可用在烩、焖、煮烹调的菜肴。

实训要求：掌握焗土豆类烹调方法的技巧。

实训原料：土豆500克，黄油150克，牛奶150克，蛋黄50克，奶酪30克。

学时数：1学时。

实训方法、步骤：

（1）把红皮大土豆去皮切厚片。

（2）放入烤模内排好，再放入大量黄油、牛奶、奶酪入烤箱。

（3）入烤箱烤至土豆成熟、奶皮发泡微带黄色。

（4）刷鸡蛋黄焗上颜色即可保温食用。

注意事项

（1）公爵夫人土豆制作时选用大红皮的土豆，成品奶香浓郁，土豆柔嫩可口。

（2）公爵夫人土豆也有上面放奶酪烤上色使用的。

烹调工具：小刀、菜板、不锈钢盆、漏斗、烤箱、小锅等。

9. 里昂那土豆（Lyonnais Potatoes）

实训目的：制作各种肉类、禽类原料的配菜，也可用在烩、焖、煮烹调的菜肴。

实训要求：土豆类配菜的炒的烹调方法和制作技巧。

实训原料：土豆500克，黄油50克，洋葱150克，烧汁100克。

学时数：1学时。

实训方法、步骤：

（1）把土豆削皮切片煮熟。

（2）在煎锅内放黄油用中火煎成外表金黄色。

（3）炒锅内放黄油炒香洋葱丝，放入熟土豆。

（4）加入适量的烧汁，调味即可保温食用。

注意事项

（1）洋葱要炒到金黄色和土豆的颜色相搭配。

（2）土豆也可切配成片、丁、块来配合主料的造型。

烹调工具：小刀、菜板、不锈钢盆、漏斗、烤箱、小锅等。

10. 土豆泥（Mashed Potatoes）

实训目的：制作各种肉类、禽类原料配菜或是煎、炒、扒、炸烹调的菜肴的配菜。

实训要求：掌握土豆泥适用的范围和制作工艺。

实训原料：土豆500克，洋葱50克，牛奶15克，鲜茴香3克，火腿50

克,黄油适量。

学时数:1学时。

实训方法、步骤:

(1)选用普通的大土豆洗净后带皮煮熟,晾凉后使用。

(2)先去皮再压成土豆泥。

(3)锅内放黄油炒香洋葱碎、火腿后放土豆泥。

(4)加入适量牛奶调味成糊状,撒少许鲜茴香即可保温食用。

注意事项

(1)煮好的土豆一定要晾凉后使用,避免土豆泥出筋影响质感。

(2)牛奶的使用量是调和土豆泥软硬的关键,太软不好成型配菜、太硬土豆泥的口感不好。

烹调工具:小刀、菜板、不锈钢盆、漏斗、煎锅、烤箱、小锅等。

11. 土豆饼(Potato Cake)

实训目的:制作各种肉类、禽类原料的配菜或是煎、炒、扒、炸烹调的菜肴的配菜。

实训要求:掌握土豆泥制作工艺和煎的烹调方法的知识。

实训原料:土豆500克,洋葱50克,黄油50克,牛奶15克,色拉油15克,火腿50克。

学时数:1学时。

实训方法、步骤:

(1)选用普通的大土豆洗净后带皮煮熟晾凉后使用。

(2)先去皮再压成土豆泥。

(3)锅内放黄油炒香洋葱碎、火腿后放土豆泥调味。

(4)加入牛奶,再揉到土豆淀粉起筋有劲,做成小圆饼。

(5)在扒板上放少许色拉油,把土豆饼两面煎成金黄色即可。

注意事项

(1)煮好的土豆一定要晾凉、晾干水分,才能很好地得到土豆淀粉的面筋,土豆饼才不会塌陷。

(2)做小圆饼的时候手上抹少许色拉油就不粘手。

(3)煎的时候切忌多油,避免油多使土豆饼塌陷。

(4)可加火腿碎,丰富口味。

烹调工具:小刀、菜板、不锈钢盆、漏斗、煎锅、烤箱、小锅等。

12. 芝士焗土豆(Baked Cheese Potato)

实训目的:制作各种肉类、禽类原料的配菜或是煎、炒、扒、炸烹调的菜肴的配菜。

实训要求:掌握使用芝士的基本要领和口味基础。

实训原料：土豆500克，白汁100克，芝士50克。

学时数：1学时。

实训方法、步骤：

（1）把煮熟的土豆切片，在烤盘上摆好。

（2）淋白汁，撒上芝士丝。

（3）入明火焗炉烤上颜色即可。

注意事项

要现烤现用，土豆时间长了会变色，影响菜肴质地。

烹调工具：小刀、菜板、不锈钢盆、漏斗、煎锅、烤箱、小锅等。

（二）米饭类配菜

1. 白米饭（Steam Rice）

实训目的：了解各种肉类、禽类原料的配菜或是煎、炒、烩、焖、扒、炸烹调的菜肴。

实训要求：掌握煮制米饭的基础烹调方法和技能。

实训原料：大米500克，黑葡萄干3颗，黄油3克。

学时数：1学时。

实训方法、步骤：

清洗大米，放入电饭煲内煮熟即可食用。

注意事项

（1）在小碗或是在模具内抹黄油，即可方便地扣出米饭。

（2）也可使用清水先冲洗小碗或模具也能很容易地取出米饭。

（3）为使配菜的颜色好看，米饭上放3颗黑葡萄干。

（4）蒸米饭符合东方人食用米饭的习惯。

烹调工具：电饭煲、漏斗、小碗、模具等。

2. 五色米饭（Rainbow Steam Rice）

实训目的：各种肉类、禽类原料的配菜或是煎、炒、烩、焖、扒、炸烹调的菜肴。

实训要求：掌握西式炒饭的基本烹调方法和配菜的原则知识。

实训原料：大米500克，青椒15克，红椒15克，玉米15克，洋葱15克，黑水榄15克，色拉油适量。

学时数：1学时。

实训方法、步骤：

（1）清洗大米，放入电饭煲内煮熟。

（2）锅内放色拉油炒香青椒、红椒、玉米、洋葱、黑水榄的小丁。

（3）再放入煮好的米饭炒好后调味。

（4）放入小碗或模具内压紧即可倒扣出食用。

注意事项

（1）青、红辣椒的质地特点要求现炒现配，否则青、红辣椒会变色、变味，严重影响菜肴质量。

（2）蒸米饭符合东方人食用米饭的习惯。

烹调工具：电饭煲、漏斗、小碗、模具、切刀、菜板等。

3. 红花饭（Saffron Rice）

实训目的：各种肉类、禽类原料的配菜或是意大利风味的菜肴。

实训要求：了解红花和米饭的烹调习惯。

实训原料：大米500克，红花5克，洋葱15克，巴美鲜芝士粉15克，黄油适量，清汤适量。

学时数：1学时。

实训方法、步骤：

（1）先把大米放锅内和黄油炒1分钟。

（2）加入适量的清汤和泡红花的水、洋葱碎。

（3）炒大约3分钟后加红花，加盖放入190℃的烤箱。

（4）烤30分钟后取出，如有多余的水分可在四眼炉上烘干。

（5）配菜时把煮好的红花米饭放入小碗或模具内压紧倒扣出来。

（6）最后撒上巴美鲜芝士粉即可。

注意事项

（1）红花的价格昂贵，有红花和藏红花两种，注意使用量和原料的保管。

（2）一般使用鸡清汤和泡制过红花的水来煮制米饭，如有多余的水分可在四眼炉上烘干。

（3）此种煮米饭适用于西方人。

（4）一般意大利人的米饭煮到九成熟，东方人吃起来会觉得夹生，但是西方人吃起来会觉得有嚼劲。

烹调工具：电饭煲、漏斗、小碗、模具、切刀、菜板等。

4. 西炒饭（West Fries Rice）

实训目的：各种肉类、禽类原料的配菜或是意大利风味的菜肴。

实训要求：掌握意大利风味米饭的配菜方法。

实训原料：大米500克，青椒15克，洋葱15克，红椒15克，丁香1克，火腿15克，番茄沙司50克，蒜蓉3克，黄油适量。

学时数：1学时。

实训方法、步骤：

（1）锅内放黄油炒香蒜蓉，放入洋葱、青椒、红椒、火腿丁、丁香。

（2）炒香后放入煮好的米饭炒香。

(3)放番茄沙司调味。

(4)放入小碗或模具内压紧即可倒扣出食用。

注意事项

(1)青、红辣椒的质地特点要求现炒现配,否则青、红辣椒会变色、变味,严重影响菜肴质量。

(2)西炒饭符合西方人食用米饭的习惯,炒好的米饭放入番茄沙司是红色。

烹调工具:电饭煲、漏斗、小碗、模具、切刀、菜板等。

5. 蛋炒饭(Egg-fried Rice)

实训目的:各种肉类、禽类原料的配菜或是西餐风味的菜肴。

实训要求:了解鸡蛋炒饭的要领和制作方法,以及适用的配菜范围。

实训原料:大米500克,鸡蛋2个,小香葱3克,黄油15克,蒜蓉3克,洋葱15克,盐、胡椒适量。

学时数:1学时。

实训方法、步骤:

(1)锅内放黄油炒香蒜蓉、洋葱碎。

(2)放入鸡蛋液快速炒散,加入米饭。

(3)再加入盐、胡椒和小香葱调味。

(4)放入小碗或模具内压紧即可倒扣出食用。

注意事项

西方的蛋炒饭和东方人的炒饭在炒蛋的习惯上有很大的不同。西方人炒饭里的蛋是蛋包饭——就是每粒米饭外都包上鸡蛋花。东方人的炒饭一般将鸡蛋炒香、炒黄。

烹调工具:电饭煲、漏斗、小碗、模具、切刀、菜板等。

6. 咖喱米饭(Curry Rice)

实训目的:各种肉类、禽类原料的配菜或是印度风味的菜肴。

实训要求:了解印度风味米饭配菜的制作方法和适用范围。

实训原料:印度长米500克,洋葱50克,黄油15克,蒜蓉3克,青椒10克,红椒10克,咖喱粉5克,姜黄粉3克,牛肉15克。

学时数:1学时。

实训方法、步骤:

(1)锅内放黄油炒香蒜蓉,放入洋葱、青椒、红椒、牛肉丁。

(2)炒香后放入煮好的米饭,放咖喱粉、姜黄粉调味。

(3)放入小碗或模具内压紧即可倒扣出食用。

注意事项

(1)注意咖喱粉和姜黄粉的比例搭配,姜黄粉上色,咖喱粉增香。

(2)米饭事先煮好备用。

烹调工具：电饭煲、漏斗、小碗、模具、切刀、菜板等。

7. 西班牙米饭（Spanish Rice）

实训目的：各种肉类、禽类原料的配菜或是西班牙风味的菜肴。

实训要求：了解西班牙菜肴米饭的制作方法和适用范围。

实训原料：大米500克，海鲜汤250克，洋葱50克，咖喱粉10克，姜黄粉5克，海鲜小料适量。

学时数：1学时。

实训方法、步骤：

（1）把大米放锅内和黄油炒1分钟。

（2）加入适量的海鲜汤和洋葱碎，炒大约3分钟。

（3）加咖喱粉、姜黄粉，加盖放入190℃的烤箱内。

（4）烤30分钟后取出，如有多余的水分可在四眼炉上烘干水分。

（5）配菜时把煮好的海鲜咖喱米饭放入小碗或模具内压紧倒扣出来放上海鲜小料即可。

注意事项

（1）一般使用海鲜汤煮制米饭，如有多余的水分可在四眼炉上烘干。

（2）煮米饭适用于西方人。

（3）一般西班牙米饭煮到9成熟即可，东方人吃起来会觉得夹生，但是西方人吃起来会觉得有嚼劲。

（4）注意咖喱粉和姜黄粉的比例搭配，姜黄粉上色，咖喱粉增香。

烹调工具：电饭煲、漏斗、小碗、模具、切刀、菜板等。

8. 印度香料米饭（Indian Spice Rice）

实训目的：各种肉类、禽类原料的配菜或是印度风味的菜肴。

实训要求：掌握印度风味的米饭的制作和风俗习惯。

实训原料：印度长米500克，牛肉汤250克，洋葱100克，黄油适量，丁香1克，茴香1克，八角1克，豆蔻粉1克，咖喱粉5克，姜黄粉3克，玉桂粉1克，山柰1克，牛肉粒适量。

学时数：1学时。

实训方法、步骤：

（1）把大米放锅内和黄油炒1分钟。

（2）加入适量的牛肉汤和大量洋葱碎，炒大约3分钟。

（3）加丁香、茴香、山柰、八角、豆蔻、玉桂、咖喱粉、姜黄粉等香料。

（4）加盖放入190℃的烤箱内烤30分钟后取出。

（5）配菜时把煮好的香料米饭放入小碗或模具内压紧即可。

（6）倒扣出来放上牛肉粒即可。

注意事项

（1）使用牛肉汤煮制米饭，多余的水分可在四眼炉上烘干。

（2）米饭要煮到十分熟，使用大量的香料。

（3）可放入东方、西方的各种香料，使用印度的特色长米。

烹调工具：电饭煲、漏斗、小碗、模具、切刀、菜板等。

9. 日本寿司米饭（Japanese Sushi Rice）

实训目的：了解日本寿司菜肴或是刺身菜肴的配饭。

实训要求：掌握米饭的烹调方法和米醋的调配配方。

实训原料：日本寿司大米500克，水250克，白醋30克，白糖15克，海苔5克，米林3克，柠檬5克。

学时数：1学时。

实训方法、步骤：

（1）锅内放日本寿司米饭布，放上大米、水，把米饭煮熟。

（2）取出煮好的米饭，放上适量的寿司醋水调和装小碗配菜。

注意事项

（1）大米选用上好的日本寿司米或上好的东北珍珠米。

（2）放入寿司醋水调和米饭时用木勺打散开每粒米饭，吃的时候口感才好。

烹调工具：电饭煲、米饭布、小碗、模具、木勺等。

10. 芝士米饭（Cheese Rice）

实训目的：芝士米饭在各种肉类、禽类原料的配菜或是意大利风味的菜肴。

实训要求：掌握芝士入菜的时间、火候和烹调方法。

实训原料：大米500克，清汤200克，黄油适量，牛奶50克，山羊奶芝士50克，洋葱30克，巴美鲜芝士粉15克。

学时数：1学时。

实训方法、步骤：

（1）把大米放锅内和黄油炒1分钟。

（2）加入适量的清汤、牛奶、洋葱碎，炒大约3分钟。

（3）加盖放入190℃的烤箱内。

（4）烤30分钟后取出，如有多余的水分可在四眼炉上烘干。

（5）配菜时在煮好的热米饭上放入山羊奶芝士使芝士融化。

（6）在小碗或模具内压紧，倒扣出来，撒上巴美鲜芝士粉焗香即可。

注意事项

（1）用牛奶煮很容易烧焦，要注意温度、火候的控制。

（2）此种煮米饭适用于西方人，

（3）一般米饭煮到9成熟即可，东方人吃起来会觉得夹生，但是西方人吃起来会觉得有嚼劲、芝士奶味十足。

烹调工具：电饭煲、漏斗、小碗、模具、切刀、菜板等。

（三）意面类配菜

1. 黄油意面（Butter Spaghetti）

实训目的：意大利风格菜肴或是海鲜等主料分量较少的菜肴的配菜。

实训要求：掌握煮制面条的时间和使用方法。

实训原料：意大利面条100克，蒜蓉5克，芫荽3克，黄油15克。

学时数：1学时。

实训方法、步骤：

（1）锅内放黄油炒香蒜蓉。

（2）放入意面和芫荽碎，炒匀调味。

（3）用小叉卷好放入盘内装盘配菜。

注意事项

（1）芫荽碎要最后放，以免加热后变色影响质量。

（2）意大利面条的煮制时间一般是8～12分钟，可根据烹调的时间来控制面条的软硬度。

烹调工具：煮锅、炒勺、菜板、切刀、漏斗、不锈钢盆等。

2. 奶油意面（Cream Spaghetti）

实训目的：意大利风格菜肴或是海鲜等主料分量较少的菜肴的配菜。

实训要求：了解奶油汁和意大利面条的烹调方法和技巧。

实训原料：意大利面条100克，蒜蓉5克，淡奶油50克，白葡萄酒5克，芫荽5克，黄油15克，洋葱适量。

学时数：1学时。

实训方法、步骤：

（1）锅内放黄油炒香蒜蓉、洋葱碎。

（2）放入意面、淡奶油、白葡萄酒炒匀调味。

（3）撒上少许芫荽碎，用小叉卷好放入盘内装盘配菜。

注意事项

（1）淡奶油加入后要小火烹调，避免奶油变黄色影响菜肴质量。

（2）芫荽碎要最后放，以免加热后变色影响质量。

烹调工具：煮锅、炒勺、菜板、切刀、漏斗、不锈钢盆等。

3. 番茄沙司意面（Ketchup Spaghetti）

实训目的：意大利风格菜肴或是海鲜等主料分量较少的菜肴的配菜。

实训要求：掌握意大利面条的配菜使用的分量和方法。

实训原料：意大利面条100克，蒜蓉5克，洋葱15克，番茄沙司50克，黄油适量。

学时数：1学时。

实训方法、步骤：

（1）锅内放黄油炒香蒜蓉、洋葱碎。

（2）放入意面、番茄沙司，炒匀调味。

（3）用小叉卷好放入盘内装盘配菜。

注意事项

（1）用的番茄沙司的品牌和质地不同，放的量和调味时的口味、口感会有差异。

（2）可适量加入少许白糖调和口味。

烹调工具：煮锅、炒勺、菜板、切刀、漏斗、不锈钢盆等。

4. 芝士意面（Cheese Spaghetti）

实训目的：意大利风格菜肴或是海鲜等主料分量较少的菜肴的配菜。

实训要求：了解配菜的基本原则和分量。

实训原料：意大利面条100克，蒜蓉5克，洋葱适量，白汁15克，白葡萄酒5克，黄油15克，巴美鲜芝士粉10克。

学时数：1学时。

实训方法、步骤：

（1）锅内放黄油炒香蒜蓉、洋葱碎。

（2）放入意面、白汁、白葡萄酒，撒巴美鲜芝士粉炒匀调味。

（3）用小叉卷好放入盘内装盘配菜。

注意事项

（1）白汁使用要适量，不能太浓郁，否则会压倒巴美鲜芝士粉的香味。

（2）也可最后撒上巴美鲜芝士粉用明火焗炉焗上色，这样巴美鲜芝士粉的香味更突出。

烹调工具：煮锅、炒勺、菜板、切刀、漏斗、不锈钢盆等。

5. 火腿意面（Ham Spaghetti）

实训目的：意大利风格菜肴或是海鲜等主料分量较少的菜肴的配菜。

实训要求：掌握意大利风味配菜的烹调方法。

实训原料：意大利面条100克，火腿50克，蒜蓉5克，淡奶油50克，洋葱15克，黄油适量。

学时数：1学时。

实训方法、步骤：

（1）锅内放黄油炒香蒜蓉、洋葱丝、火腿丝、淡奶油，放入意面炒匀。

（2）用小叉卷好放入盘内装盘配菜。

注意事项

淡奶油加入后要小火烹调，避免奶油变黄色影响菜肴质量。

烹调工具：煮锅、炒勺、菜板、切刀、漏斗、不锈钢盆等。

6. 烟肉意面（Bacon Spaghetti）

实训目的：意大利风格菜肴或是海鲜等主料分量较少的菜肴的配菜。

实训要求：掌握配菜的基本要求和使用范围等知识。

实训原料：意大利面条100克，蒜蓉3克，洋葱15克，黄油适量，烟肉30克，淡奶油15克。

学时数：1学时。

实训方法、步骤：

（1）锅内放黄油炒香蒜蓉、洋葱丝、烟肉丝、淡奶油，放入意面炒匀调味。

（2）用小叉卷好放入盘内装盘配菜。

注意事项

（1）烟肉丝炒的过程中会出油，放黄油的量要注意不能太多。

（2）淡奶油加入后要小火烹调，避免奶油变黄色影响菜肴质量。

烹调工具：煮锅、炒勺、菜板、切刀、漏斗、不锈钢盆等。

7. 荷兰沙司意面（Dutch Sauce Spaghetti）

实训目的：荷兰风格菜肴或是海鲜等主料分量较少的菜肴的配菜。

实训要求：了解荷兰菜肴的配菜基本知识和烹调方法。

实训原料：意大利面条100克，芫荽3克，蛋黄30克，淡奶油15克，黄油15克，白葡萄酒5克，洋葱适量。

学时数：1学时。

实训方法、步骤：

（1）锅内放黄油炒香洋葱碎。

（2）放入意面、淡奶油、白葡萄酒炒匀调味。

（3）离火放适量蛋黄调和浓稠，撒上少许芫荽碎。

（4）用小叉卷好放入盘内装盘配菜。

注意事项

（1）蛋黄加入后要离火烹调，避免蛋黄加热过快而凝结。

（2）淡奶油加入后要小火烹调，避免奶油变黄色影响菜肴质量。

（3）芫荽碎要最后放，以免加热后变色影响质量。

烹调工具：煮锅、炒勺、菜板、切刀、漏斗、不锈钢盆等。

8. 肉酱意面片（Meat Sauce Lasagna）

实训目的：意大利风格菜肴或是海鲜等主料分量较少的菜肴的配菜。

实训要求：掌握配菜的一些基本的原则和烹调知识。

实训原料：意面片100克，牛肉末30克，洋葱15克，芹菜15克，胡萝卜15克，芝士片3片，番茄酱30克，番茄15克，香叶1片。

学时数：1学时。

实训方法、步骤：

（1）用牛肉末、洋葱、芹菜、胡萝卜、番茄、番茄酱、香叶等制作肉酱。

（2）把意大利面片煮好，冲冷水备用。

（3）煮好的意面片夹入熬制好的肉酱，一般三片一组。

（4）放上芝士片用明火焗炉焗上色，切一小块即可装盘配菜。

注意事项

夹肉酱要压紧，避免在切的时候散掉。

烹调工具：煮锅、炒勺、菜板、切刀、漏斗、不锈钢盆等。

9. 番茄空心粉（Tomato Baked Penne）

实训目的：意大利风格菜肴或是海鲜等主料分量较少的菜肴的配菜。

实训要求：掌握配菜的一些基本的原则和烹调知识。

实训原料：番茄空心粉100克，黄油适量，蒜蓉5克，番茄酱汁50克，洋葱15克，青椒15克，红椒15克。

学时数：1学时。

实训方法、步骤：

（1）煮制好空心粉，冲冷水后备用。

（2）锅内放黄油炒香蒜蓉，再放入洋葱、青椒、红椒炒香。

（3）放入空心粉、熬制好的番茄酱汁炒匀。

（4）调味后用小叉卷好放入盘内装盘配菜。

注意事项

（1）番茄酱汁的浓稠要掌握好，太稀影响菜肴的装盘质量，太浓影响空心粉的口感。

（2）青、红辣椒的质地特点要求现炒现配，否则青、红辣椒会变色、变味，严重影响菜肴质量。

烹调工具：煮锅、炒勺、菜板、切刀、漏斗、不锈钢盆等。

10. 黑胡椒意粉（Black Pepper Spaghetti）

实训目的：意大利风格菜肴或是海鲜等主料分量较少的菜肴的配菜。

实训要求：掌握黑胡椒炒面条的方法和口味。

实训原料：空心粉100克，洋葱15克，蒜蓉、黄油各适量，青椒15克，红椒15克，黑胡椒碎5克，烧汁15克。

学时数：1学时。

实训方法、步骤：

（1）锅内放黄油炒香蒜蓉，炒香洋葱、青椒、红椒。

（2）放入空心粉、黑胡椒碎和适量烧汁，炒匀调味。

（3）用小叉卷好放入盘内装盘配菜。

注意事项

黑胡椒碎可以先炒香后加入意粉，但是要注意温度的控制，别炒焦了影响口味。

烹调工具：煮锅、炒勺、菜板、切刀、漏斗、不锈钢盆等。

（四）其他类配菜

1. 水煮胡萝卜（The Water Boils Carrot）

实训目的：各种西餐菜肴均能使用。注意在同烩、焖等菜肴的原料搭配时不要重复。

实训要求：正确区分菜肴配菜搭配知识。

实训原料：胡萝卜500克，清汤250克，盐、胡椒适量，黄油30克。

学时数：1学时。

实训方法、步骤：

（1）胡萝卜切条或削成橄榄形，用清水煮熟后冲冷备用。

（2）配菜时锅内放清汤、盐、胡椒粉、黄油。

（3）把煮好的胡萝卜烫热即可装盘使用。

注意事项

胡萝卜配菜在西餐中的各个菜肴中经常使用到，一般为保护胡萝卜素的营养价值都是用水煮的方法。

烹调工具：小刀、切刀、菜板、漏斗、小锅。

2. 水煮根茎类蔬菜（The Water Boils Rhizome Class Vegetables）

实训目的：各种西餐菜肴均能使用。注意在和烩、焖等菜肴的原料搭配时不要重复。

实训要求：掌握蔬菜的粗加工方法和配菜的方法。

实训原料：西蓝花500克，清汤250克，盐、胡椒粉适量，黄油30克。

学时数：1学时。

实训方法、步骤：

（1）把各种根茎类蔬菜切配加工后，用开水煮熟后冲冷水备用。

（2）配菜时锅内放清汤、盐、胡椒粉、黄油，把煮制好的根茎类蔬菜放入锅内烫热即可装盘使用。

注意事项

（1）可使用的蔬菜包括：西蓝花、芦笋、花菜、秋葵、西葫芦等，都可用水煮的方式加工。

（2）在绿色蔬菜加工烹调时要注意开水下锅，锅内先放少许食盐保色。

烹调工具：小刀、切刀、菜板、漏斗、小锅。

3. 蒜蓉炒绿色蔬菜（The Garlic Fry the Green Vegetables）

实训目的：了解绿色蔬菜的使用范围。

实训要求：各种西餐菜肴均能使用。注意在和烩、焖等菜肴的原料搭配时不要重复。

实训原料：菠菜500克，盐、胡椒粉适量，黄油30克，蒜蓉适量。

学时数：1学时。

实训方法、步骤：

（1）把各种绿色蔬菜加工处理、切配。

（2）用开水汆熟后冲冷水备用。

（3）配菜时锅内放黄油炒香蒜蓉，再放绿色蔬菜加盐和胡椒粉炒热调味即可装盘使用。

注意事项

（1）绿色蔬菜的保鲜、保色是配菜质量的关键。

（2）可使用的绿色蔬菜包括：菠菜、芥蓝、小白菜、小油菜、菜心、青笋、黄瓜、青豆、荷兰豆等。

烹调工具：小刀、切刀、菜板、漏斗、小锅。

4. 炸茄子（Deep-fried Eggplant）

实训目的：各种西餐菜肴均能使用。注意在和烩、焖等菜肴的原料搭配时不要重复。

实训要求：了解制作方法和适用范围。

实训原料：圆茄300克，特制酱汁25克，盐、胡椒粉适量，色拉油300克。

学时数：1学时。

实训方法、步骤：

（1）使用圆茄，对开后放入高温油锅内炸熟。

（2）取出后抹上特制酱汁，撒上盐、胡椒粉即可装盘食用。

注意事项

（1）由于茄子很容易吸油，要选用圆形茄子对开或是切厚片。

（2）一定要使用高油温炸制才能避免茄子吸入大量的油脂。

烹调工具：小刀、切刀、菜板、漏斗、小锅。

5. 酿青椒（Ferments the Green Pepper）

实训目的：各种西餐菜肴均能使用。注意在和烩、焖等菜肴的原料搭配时不要重复。

实训要求：掌握酿制菜肴的烹调方法和技巧。

实训原料：青椒250克，肉酱250克，玉米50克，芝士片3片。

学时数：1学时。

实训方法、步骤：

（1）将辣椒底部切掉一点皮，使青椒能站立在大盘上。

（2）把青椒顶部切掉，掏空青椒酿入玉米粒或是肉酱等原料。

（3）放上芝士片入烤箱烤熟即可作配菜使用。

注意事项

（1）可使用红辣椒、黄辣椒等替代青椒。

（2）由于辣椒的特性，加热后必须立即使用，不能长时间的保存。

（3）采用的酿制原料一般使用熟料酿制。

烹调工具：小刀、切刀、菜板、漏斗、小锅。

6. 酿番茄（Ferments the Tomatves）

实训目的：各种西餐菜肴均能使用。注意在和烩、焖等菜肴的原料搭配时不要重复。

实训要求：掌握酿制菜肴的烹调方法和技巧。

实训原料：番茄300克，肉酱300克，盐、胡椒粉适量，黄油30克，芝士5片。

学时数：1学时。

实训方法、步骤：

（1）选用个头大小适中的番茄，去皮。

（2）先把底部切掉一点使番茄能站立在大盘上，再把番茄内部掏空。

（3）酿入肉酱等原料。

（4）放上芝士片入烤箱烤熟即可作配菜使用。

注意事项

烹调工具：小刀、切刀、菜板、漏斗、小锅。

7. 扒番茄（Grilled Tomato）

实训要求：掌握酿制菜肴的烹调方法和技巧。

实训原料：番茄300克，香叶5片，黄油30克。

学时数：1学时。

实训方法、步骤：

（1）选用个头大小适中的番茄，去皮。

（2）把底部切掉一点使番茄能站立在大盘上。

（3）把番茄用布包裹好挤压掉汁水成圆形。

（4）番茄顶上插上一片小香叶，入烤箱烤熟即可作配菜使用。

注意事项

（1）番茄不能长时间地加热，避免番茄变酸。

（2）用布包裹好挤压掉汁水是成型的关键步骤。

（3）番茄要去皮、去籽才能不酸。

烹调工具：口布、烤盘、小刀、切刀、菜板、漏斗、小锅。

8. 烩茄子（Braise the Eggplant）

实训目的：各种西餐菜肴均能使用。注意在和烩、焖等菜肴的原料搭配时不要重复。

实训要求：掌握酿制菜肴的烹调方法和技巧。

实训原料：茄子500克，清汤50克，盐、胡椒粉适量，黄油30克，烧汁30克，蒜蓉5克，烟肉50克，洋葱50克，番茄酱30克，白糖30克。

学时数：1学时。

实训方法、步骤：

（1）锅内放黄油炒香蒜蓉、烟肉碎。

（2）放适量烧汁调味，再把茄块、洋葱块放入烩制，再加入适量的盐和胡椒粉调味。

（3）烩制好即可装盘作配菜使用。

注意事项

（1）在烩制中为体现颜色可加入适量的番茄酱和白糖调味。

（2）也可把茄子去皮后切厚片，直接煎成两面金黄，再烩制。

烹调工具：小刀、切刀、菜板、漏斗、小锅。

9. 煮玉米（Boils the Corn）

实训目的：各种西餐菜肴均能使用。注意在和烩、焖等菜肴的原料搭配时不要重复。

实训要求：掌握煮制菜肴的烹调方法和技巧。

实训原料：玉米500克，牛奶250克。

学时数：1学时。

实训方法、步骤：玉米棒切小段，用牛奶煮熟即可装盘作配菜使用。

注意事项

（1）西方人吃玉米棒喜欢用牛奶煮制，这样口感更佳。

（2）玉米的品种很多，有黏玉米、糯玉米、甜玉米、五色玉米、黄色玉米、黑色玉米、小玉米等品种可供选择使用，应根据菜肴主料的特点选用不同的玉米来配菜。

烹调工具：小刀、切刀、菜板、漏斗、小锅。

10. 煮蘑菇（Boils the Mushroom）

实训目的：各种西餐菜肴均能使用。注意在和烩、焖等菜肴的原料搭配时不要重复。

实训要求：掌握煮制菜肴的烹调方法和技巧。

实训原料：蘑菇500克，清汤250克，盐、胡椒粉适量，黄油30克。

学时数：1学时。

实训方法、步骤：

（1）把蘑菇加工处理，切配成型后，余水备用。

（2）配菜时锅内放清汤、盐、胡椒粉、黄油。

（3）把煮制好的蘑菇烫热即可装盘使用。

注意事项

（1）蘑菇的种类很多，西餐一般使用的是鲜蘑菇，如口蘑、鲜香菇、鸡腿菇、草菇、花菇、牛肝菌、松蘑等高档菌类。一般不使用平菇或是干发蘑菇等。

（2）烹调工具：使用小刀、切刀、菜板、漏斗、小锅。

（五）冷菜类配菜

在西餐冷菜的配菜中主要掌握几个要点：

（1）各种新鲜能生吃的蔬菜都可以作配菜使用，但是不得和主料中的蔬菜重复。

（2）配菜使用的蔬菜原料和主料的原料不能发生个性冲突和原料特性冲突。

（3）有水果的冷菜不能再搭配水果作配菜。

（4）冷菜的配菜一般使用的是生食原料，不能使用熟制过的原料搭配菜肴。

（5）冷菜的配菜要精致、小巧、艳丽，通常就是起头盘装饰作用。

项目 5 热菜

一、烤焗类（菜例）

（一）烤

烤是把体积较大的生料经初步加工整形，加调味品腌渍入味，然后放入封闭的烤炉中，加热至上色，并达到规定火候的烹调方法。

烤的传热介质是空气，传热形式是对流。

封闭式烤法加热均匀，可使菜肴具有良好的特殊风味，并有外焦里嫩的特点。

封闭式烤法适宜制作体积较大的肉、禽类原料，如嫩鸡、外脊肉、羊腿等。

操作要点：

（1）烤的温度范围在140～240℃。

（2）烤制不易成熟的原料要先用较高的炉温，当原料表面结壳后，再降低炉温。

（3）烤制易成熟的原料时，可一直用较高的炉温。

（4）如原料已上色就要盖上锡纸再烤。

（5）烤制过程中要不断往原料上刷油或淋烤油原汁。

烤肉的过程看似简单，但实际上里面的变化性很大，首先在调味过程中，如果在烤之前加盐或加其他调味料，最多只能渗入原料的表面。同时盐能使食物水分渗出表面，妨碍原料表面的色泽形成。

以下介绍几种比较适合的调味方法：（1）在烤之前几小时或一天前进行调味，使调味料有充分的时间渗入到原料当中（特指肉类）。（2）烤完以后再进行调味。（3）对原料不进行调味，烤完后精心调制一份酱汁和食物一起上给客人。

烤制方法：

（1）低温烤制　低温烤的适宜温度一般在120～160℃。低温烤的特点：① 可以减少肉的损耗。② 可以使食物更香、更嫩、多汁。③ 从外到里熟得更均匀。

（2）高温烘烤　高温烤的适宜温度一般在190～230℃，这样烤出来的效果：色泽金黄明亮，表皮酥脆，外焦里嫩。

（3）先高温后低温　适宜的温度先是200～230℃，再到120～150℃，烘烤时先用高温烤制使食物表面上色，后用低温将食物烤制成熟。

1. 烤牛肉

（1）原料

① 主料：牛里脊1条。

② 调料：盐25克、黑胡椒碎10克、迷迭香5克、香叶碎5片、杂蔬菜丝100克、色拉油50克。

（2）制作过程　牛里脊用盐、黑胡椒碎、迷迭香、香叶碎、杂蔬菜丝、色拉油搓10分钟，再腌1小时。

扒板放油，油热后将整条牛里脊煎至两面上色，然后放进200℃的烤箱中烤10分钟左右至八成熟后取出，切片成菜。

2. 美式鸡翅（American Roast Chicken Wing）

（1）原料

① 主料：鸡翅。

② 辅料：洋葱、西芹、胡萝卜、蒜、红椒、葱、姜、辣椒面。

③ 调料：盐、糖、胡椒粉、生抽、干白葡萄酒。

（2）制作过程

① 先将辅料切碎，再加调料制成腌料汁。

② 将鸡翅洗净、改刀后放入腌料汁中腌制约2小时。

③ 将腌制好的鸡翅放在烤箱中烤熟（200℃）。

④ 将烤好的鸡翅放在盘中装饰即成。

3. 香草烤辣鸡（Spiced Chicken Leg）

（1）原料

① 主料：去骨鸡腿1个。

② 辅料：西蓝花、胡萝卜、洋葱、蘑菇、蒜。

③ 调料：盐、胡椒粉、糖、鸡精、干白葡萄酒、色拉油、番茄沙司、奥里根奴叶、辣椒粉、蒜蓉辣椒酱。

④ 配菜：土豆条。

（2）制作过程

① 洋葱、蒜切碎，鸡腿去骨腌制20分钟入味备用。（盐、胡椒粉、奥里根奴叶、糖、辣椒粉、色拉油）

② 锅加热添油炒洋葱、蒜出香味后加入蒜蓉辣椒酱、番茄沙司炒制。烹干白、加鸡精并调味，同时煎鸡腿至两面上色后放入烤箱200℃烤制4分钟成熟。

③ 装盘浇汁配时蔬和土豆条即成。

（3）菜肴特点　香辣微甜适口，略带香草味。

4. 印度牛肉串（Indian Beef Skewer）

（1）原料

① 主料：牛肉馅200克。

② 辅料：洋葱、蒜、小番茄、法香、黄瓜、菠萝、蒸米饭、鸡蛋。

③ 调料：盐、胡椒粉、鸡精、干白、色拉油、酸奶、茴香粉、黄姜粉。

（2）制作过程

① 将洋葱、蒜、法香切碎，黄瓜、菠萝、番茄去皮切丁备用。

② 将蒸米饭加入黄姜粉拌匀至金黄色，在锅中略炒、调味，盛入碗中。扣在盘里备用。

③ 制作酸奶沙拉配入盘中。（酸奶拌黄瓜丁、菠萝丁、番茄丁）。

④ 牛肉馅加洋葱、蒜、法香碎、茴香粉、鸡蛋、干白、盐、胡椒粉搅拌均匀、上劲30分钟后，制成圆柱体或球形，用竹签串住放入烤箱（250℃）中烤制成熟装盘即成。

（3）菜肴特点　色泽焦黄，鲜嫩多汁。

（二）烘烤

烘烤的定义：将加工处理后的原料放入烤箱中烹制，食物被干燥的热空气包围加热达到理想的成熟度的一种烹调方法。

1. 加勒比比萨（Caribbean pizza）

（1）原料

① 主料：比萨面坯、比萨奶酪。

② 辅料：萨拉米、烟熏火腿、鸡脯肉、青红椒、洋葱、蘑菇。

③ 调料：番茄汁、奥里根奴叶。

（2）制作过程

① 先将青红椒、洋葱切丝、蘑菇切片，萨拉米、烟熏火腿切片，鸡脯肉切片腌制后煎熟，比萨奶酪擦丝备用。

② 将面坯分割成200克/个揉成圆形，发酵至所需程度取出。拉抛成型放入比萨盘中，再整型、涂上番茄汁，放上时蔬、萨拉米、烟熏火腿、鸡肉片。然后均匀撒上比萨奶酪丝和少许奥里根奴叶。

③ 放入250℃的烤炉中烘烤至金黄色，刷香料油（奥里根奴叶、蒜蓉、油），用刀铡切成8份放入盘中装饰即成。

（3）菜肴特点　色泽金黄、诱人食欲、典型意式风味。

2. 夏威夷比萨（Hawall Pizza）

（1）原料

① 主料：比萨面坯、比萨奶酪。

② 辅料：虾仁30克、菠萝50克、西蓝花。

③ 调料：番茄汁、奥里根奴叶。

（2）制作过程

① 先将菠萝切片、虾仁去虾线、西蓝花切片过水备用。比萨奶酪擦丝备用。

② 将面坯分割成200克/个揉成圆形，发酵至所需程度取出。拉抛成形放入比萨盘中，再整型、涂上番茄汁，放上菠萝片、虾仁、西蓝花，然后均匀撒上比萨奶酪丝和少许奥里根奴叶。

③ 放入250℃的烤炉中烘烤至金黄色，刷香料油（奥里根奴叶、蒜蓉、油），用刀铡切成8份放入盘中装饰即成。

（3）菜肴特点　色泽金黄、诱人食欲、典型意式风味。

（三）焗

焗是指把各种经初步加工成熟的原料，浇上不同的沙司，用明火烤炉烤至成熟上色的烹调方法。焗的传热介质是空气，传热形式是热辐射。

焗制的菜肴表层盖有浓沙司，可保护主料，使之质地鲜嫩，同时具有气味芳香、口味浓郁的特点。

适宜制作质地鲜嫩的原料，如鱼虾、嫩肉、蔬菜、鲜蘑等。

制作要点：

（1）焗烤的温度较高，一般在180～300℃，可移动活动烤盘调节温度。

（2）烤斗的底层要浇上一层较稀的沙司。

（3）上面的沙司要稠些，要浇得厚薄均匀、平整。

1. 意大利饺子（Italian Dumpling）

（1）原料

① 主料：意大利宽面300克、猪肉馅500克、口蘑、烟熏火腿。

② 辅料：鸡蛋、洋葱碎、帕米森奶酪。

③ 调料：盐、胡椒粉、芝士粉。

（2）制作过程

① 猪肉馅加鸡蛋、烟熏火腿、帕米森奶酪、洋葱碎与蘑菇粒拌匀，加盐和胡椒粉调味后成馅料，放在面皮正中。

② 在面皮四边涂上蛋液，盖上面皮，压实四边成饺子，放在滚水中慢火煮约5分钟至熟，捞出沥干水分。

③ 在—上面加层蛋液，并撒上芝士粉，放入焗炉，250℃焗至表面呈金黄色即可。

（3）菜肴特点　色泽金黄，典型意式风味。

2. 意大利千层面（Lasagna）

（1）原料

① 主料：意大利宽面。

② 辅料：比萨奶酪、肉酱汁、番茄汁、奶油汁。

③ 调料：盐、法香碎。

（2）制作过程

① 将意大利宽面放入沸水（盐和色拉油）中煮制8分钟至成熟。

② 将煮好的宽面在不锈钢托盘中铺一层、浇一层肉酱汁、一层奶油汁，再铺一层宽面，直至五层。最上方撒上一层奶酪丝。

③ 将制作好的千层面放入烤箱烘烤或焗炉中焗至金黄色，取出放入盘中。四周浇上番茄汁，法香碎装饰即成。

（3）菜肴特点　色泽金黄，奶香浓郁。

（四）其他烤焗类

铁扒是把加工成形的原料，经腌渍调味后放在扒炉上，扒成带有网状的焦纹，并达到规定的火候的烹调方法。

由于铁扒是用明火烤炙，温度高，能使原料表层迅速炭化，而原料内部的水分流失少，所以，这种烹调方法制作的菜肴都带有明显的焦香味，并鲜嫩多汁。

由于铁扒是一种温度高、时间短的烹调方法，所以，适宜制作质地鲜嫩的原料，如外脊、鱼、虾、笋鸡等。

串烧是把加工成片、块的原料经腌渍后，用金属扦串起来，在明火上烧炙或用油煎制，使之成熟并上色的烹调方法。

由于串烧的菜肴都经过腌渍，所以，口味较浓并有焦香鲜嫩的特点，同时串烧的菜肴形式上也较美观新颖。

串烧是用较高的温度、较短的时间加热的烹调方法，所以，适宜制作质地鲜嫩的原料。

二、煎炸类（菜例）

（一）煎

煎是把加工成形的原料经腌渍入味后，再用少量的油，在平底锅中加热至上色，并达到规定火候的烹调方法。

直接煎和沾面粉煎的方法可使原料表层结壳，原料内部仍保持较多的水分，因此具有外焦里嫩的特点。

裹鸡蛋液煎的方法原料表层不结壳，而内部可保留充足的水分，因此具有鲜香软嫩的特点。

1. 西冷牛排（Sirloin Steak）

（1）原料

① 主料：牛外脊200克。

② 调料：盐、黑胡椒碎、色拉油、黑胡椒沙司、红酒。

③ 配菜：土豆条、时蔬、烤番茄。

（2）制作过程

① 先将牛外脊用肉锤拍至松软，腌制入味（盐、黑胡椒碎、色拉油）。

② 熬制黑胡椒沙司：洋葱碎、蒜碎用黄油炒香，加入黑胡椒碎、红酒，小火浓缩至1/4左右，再加入烧汁或布朗沙司，煮透，调味即可，不用过滤。

③ 将牛排放扒板上煎至所需的成熟度即可。

④ 盘中配时蔬、炸土豆条、烤番茄，牛排上浇黑胡椒沙司即成。

（3）菜肴特点　形状整齐，鲜香，胡椒香，微咸，肉质鲜嫩多汁。

2. 火焰牛排（Flame Steak）

（1）原料

① 主料：牛里脊200克。

② 辅料：培根。

③ 调料：盐、胡椒粉、油、食粉、威士忌、黄油50克、奶油蘑菇沙司50克。

④ 配菜：时蔬、烤土豆。

（2）制作过程

① 将牛里脊用肉锤拍成厚2.5厘米的圆形，用盐、胡椒粉、食粉、油腌制入味（30分钟），外围一根培根条用牙签扎住。

② 扒板放油将牛扒煎至两面上色，放入烤箱焗至（200℃）所需成熟度，取出放在一张锡纸上，浇奶油蘑菇沙司后用锡纸将牛排包上，留一窝，加入威士忌。

③ 盘中放黄油时蔬装饰，放入烤土豆和牛排，上桌点火即可。

（3）菜肴特点　酒香浓郁，肉质鲜美。

（二）炸

由于炸制的菜肴是在短时间内用较高的温度加热成熟的，这样原料表层可结成硬壳，而原料内部仍保持充足的水分。所以，炸制的菜肴都具有外焦里嫩或焦脆的特点。

1. 吉列猪排（Deep Fried Pork Chop）

（1）原料

① 主料：猪外脊200克。

② 辅料：火腿、奶酪、鸡蛋、面粉、面包糠。

③ 调料：盐、胡椒粉、食粉、李派林喼汁、吉士粉、鸡精、干白葡萄酒、色拉油。

④ 配菜：土豆条、时蔬。

（2）制作过程

① 将猪外脊分成两块用肉锤拍成长方形，用调料腌制入味。

② 两片猪排中间夹两片奶酪和一片火腿，包好边，整形后拍粉、拖蛋、沾面包糠备用。

③ 锅热后添油至150℃将猪排下入，半煎半炸至金黄色。控干油装盘，配菜装饰即成。

（3）菜肴特点　色泽金黄，酥香适口。

2. 菠萝鸡球（Fried Chicken Roll）

（1）原料

① 主料：鸡脯肉200克。

② 辅料：面包糠50克、菠萝100克、苹果50克、奶酪、三文治面包、酸奶。

③ 调料：盐、胡椒粉、鸡精、干白葡萄酒。

（2）制作过程

① 鸡脯肉剁成蓉泥状，加入菠萝丁、奶酪丁、面包糠、调料搅打上劲备用。

② 将鸡脯肉馅用手做成圆柱形，外面裹上面包丁，下入油锅炸成金黄色。

③ 菠萝，苹果切成丁加酸奶汁制成沙拉，与炸好的鸡球一起装盘装饰即成。

（3）菜肴特点　色泽金黄，酥香适口。

3. 黄油鸡卷（Stuffed Chicken with Butter）

（1）原料

① 主料：鸡脯肉1个。

② 辅料：洋葱碎、青红椒碎、帕米森奶酪、酸黄瓜、鸡蛋、面粉、面包糠、香草。

③ 调料：盐、胡椒粉、鸡精、干白葡萄酒、色拉油、黄油。

④ 配菜：土豆条、时蔬。

（2）制作过程

① 将洋葱、青红椒、酸黄瓜切碎，锅热加黄油略炒出香味。

② 鸡脯肉用小刀掏出空间（便于酿馅），腌制入味（盐、胡椒粉、鸡精、干白）。

③ 将黄油放入容器加入炒香的洋葱、青红椒、酸黄瓜碎、帕米森奶酪、香草搅拌均匀，装入挤袋。然后酿入鸡脯肉中，封口。拍粉、拖蛋、挂面包糠。

④ 将酿好的鸡卷放入170℃的油温中炸制成熟，捞出沥油。装盘配时蔬、土豆条即成。

（3）菜肴特点　色泽金黄，外焦里嫩，汁香味浓。

三、炒制菜肴（菜例）

炒是把加工成丝、片、条等的原料，用少量的油、较高的温度、在短时间内加工成熟的烹调方法。

由于炒制的菜肴加热时间短、温度高，而且在炒制过程中一般不加入过多的汤汁，所以，都具有脆嫩鲜香的特点。

炒的烹调方法适宜用鲜嫩的原料和一些熟料，如里脊、外脊、蔬菜、米饭、面条等。

1. 肉酱意大利面（Spaghetti Bolognese）

（1）原料

① 主料：意大利面200克。

② 辅料：肉酱汁、洋香菜碎、帕米森奶酪。

③ 调料：盐、胡椒粉、干白葡萄酒、鸡精、色拉油。

（2）制作过程

① 锅中添水、少许盐、色拉油，煮沸后加入意大利面煮至成熟（8分钟）。捞出控干水分备用。

② 将制好的肉酱汁浇盖到黄油炒意大利面上，然后撒上帕米森奶酪、洋香菜碎，装饰即成。

（3）菜肴特点　酱香浓郁，意大利风味。

肉酱汁：

主料：牛肉馅、洋葱、西芹、胡萝卜、蒜。

调料：盐、胡椒粉、茄膏、百里香、月桂叶、干红葡萄酒、鸡精、橄榄油。

制作过程：将时蔬切碎，牛肉馅先炒熟。汁锅中加橄榄油，热后煸炒时蔬碎、茄膏、香料出香味后，加入牛肉馅，烹干红葡萄酒、加高汤煮制30分钟（小火）即成。

2. 奶油意大利面（Spaghetti Carbonara）

（1）原料

① 主料：意大利面200克。

② 辅料：洋葱、培根、蛋黄、帕米森奶酪。

③ 调料：盐、胡椒粉、干白葡萄酒、淡奶油、色拉油、黄油。

（2）制作过程

① 锅中添水、少许盐、色拉油，煮沸后加入意大利面煮至成熟（8分钟）。捞出控干水分备用。

② 将蛋黄、帕米森奶酪、淡奶油混合制成酱汁。

③ 炒锅加油煸炒洋葱丝、培根丝出香味后，加意大利面，烹干白葡萄

酒，加胡椒粉调味。炒热后将酱汁加入搅拌均匀即可。

④ 放入盘中装饰。

（3）菜肴特点　奶香浓郁、营养丰富，纯正的意大利风味。

3. 印尼炒饭（Nasi Goring）

（1）原料

① 主料：蒸米饭。

② 辅料：虾仁、鸡脯肉、牛肉、带子、洋葱、干白、鸡蛋。

③ 调料：盐、糖、胡椒粉、色拉油、食粉、粉芡、沙爹酱。

④ 配菜：虾片、煎蛋、牛肉串、鸡肉串。

（2）制作过程

① 将洋葱切碎，虾仁、带子、鸡肉（30克）切丁。牛肉、鸡肉切条备用。

② 腌制鸡肉串、牛肉串入味（盐、胡椒粉、糖、干白、食粉、沙爹酱、粉芡）。腌制鸡丁入味（盐、胡椒粉、食粉、粉芡、色拉油）。

③ 锅中添油，热后煸炒洋葱碎、鸡丁、虾仁、带子出香味后炒米饭。加沙爹酱拌匀调味炒香盛入碗中扣入盘中。

④ 炸虾片、煎肉串、煎太阳蛋配印尼炒饭。

（3）菜肴特点　酱香浓郁，肉质软嫩。

四、烩焖类（菜例）

（一）烩

烩是把加工成形的原料，放入用原汁调成的浓沙司内，加热至成熟的烹调方法。烩的传热介质是水，传热方式是对流与传导。

由于烩制菜肴使用原汁和不同色泽的浓沙司，所以，菜肴一般具有原汁、原味、口味浓香、色泽艳丽的特点。

由于烩制菜肴所需加热时间较长，并且先经初步热加工，因此适宜制作的原料很广泛，如各种动物性原料、植物性原料、质地较嫩的原料和较老的原料均可。

操作要点：

（1）沙司用量不宜多，以刚好覆盖原料为宜。

（2）烩制菜肴可在灶台上进行，沙司的温度保持在80~90℃。这种方法便于掌握火候，但较费人力。

（3）烩制菜肴还可在烤箱内进行，烤箱的温度最高为180℃，沙司的温度可控制在90℃左右。

1. 港式猪排饭（Pork Chop with Fried Rice "Hong Kong"）

（1）原料

① 主料：猪外脊200克。

② 辅料：洋葱、西芹、胡萝卜、蘑菇、蒸米饭、番茄沙司、鸡蛋、面粉。

③ 调料：盐、糖、鸡精、干红葡萄酒、黄油、淡奶油、色拉油、胡椒粉、李派林喼汁、食粉。

（2）制作过程

① 猪外脊切成两块用肉锤拍松，腌制入味备用。

② 洋葱切丝，西芹、胡萝卜、蘑菇切片。鸡蛋炒饭装碗里扣入盘中备用。

③ 煎锅烧热加油将猪排煎至六成熟取出，然后锅中加黄油把洋葱、胡萝卜、西芹、蘑菇、番茄沙司炒出香味。加高汤烩制猪排，烹干红葡萄酒并调味至猪排软嫩即可。

④ 将烩制好的猪排摆盘、浇汁后即成。

（3）菜肴特点　猪排软嫩，口味鲜香。

2. 印度咖喱鸡（Indian Chicken Curry）

（1）原料

① 主料：鸡腿1个。

② 辅料：胡萝卜、土豆、西蓝花、洋葱、姜、面粉、蒸米饭、蒜、柠檬片。

③ 调料：盐、胡椒粉、色拉油、干白葡萄酒、咖喱粉、咖喱酱、酸奶、椰浆、鸡汤、辣椒粉、香叶、八角、柠檬草、干辣椒。

（2）制作过程

① 胡萝卜、土豆、西蓝花切块，洋葱、姜、蒜、干辣椒切碎备用。

② 鸡腿斩成四块腌制20分钟入味（盐、胡椒粉、干白葡萄酒、咖喱粉、辣椒粉），拍面粉煎至金黄色备用。

③ 锅中添油加热炒辅料出香味，再加咖喱酱和咖喱粉炒香。加入鸡汤与香料煮沸，加入鸡块、土豆、胡萝卜，烹干白葡萄酒后烩制15分钟。调味并加入酸奶、椰浆，将汁收浓即可。

④ 咖喱鸡放入盘中配蒸米饭，以芒果酱装饰即成。

（3）菜肴特点　咖喱味浓郁，鸡肉软嫩。

3. 橙汁烩鸭（Stewed Duck With Orange Sauce）

（1）原料

① 主料：鸭子200克。

② 辅料：鲜橙1个、鲜橙汁。

③ 调料：盐、胡椒粉、糖、鸡精、橙子酒、烧汁、番茄酱、蜂蜜、意大利香草、色拉油。

④ 配菜：土豆泥、时蔬。

（2）制作过程

① 鲜橙去皮后，橙子肉去净筋膜、橙皮将内白皮片净切丝备用。鸭子斩块腌制入味（盐、胡椒粉、香草、橙子酒、色拉油）。

② 将鸭块煎至金黄色备用，锅中添油炒番茄酱、橙皮丝出香味后，放入鸭块、烹橙子酒。然后加入鲜橙汁、烧汁、香草、蜂蜜大火烧开，小火烩至软烂（30分钟）。加糖、鸡精调味，最后加入橙子肉即成。

③ 盛入盘中配时蔬和土豆泥成菜。

（3）菜肴特点　色泽棕红，鸭肉软烂，香味浓郁，具有橙子鲜味。

4. 苏黎世烩鸡片（Sliced Chicken Zurich Style）

（1）原料

① 主料：鸡脯肉。

② 辅料：口蘑、洋葱、粉芡。

③ 调料：盐、胡椒粉、干白葡萄酒、黄油、淡奶油、色拉油。

④ 配菜：土豆丝饼、煎火腿片、煎蛋。

（2）制作过程

① 将洋葱切碎，口蘑去皮切片，鸡脯肉片成片腌制入味（盐、胡椒粉、干白葡萄酒、粉芡、色拉油）。

② 将土豆煮熟，去皮擦成丝，调味（盐、胡椒粉）拌匀，用煎锅加黄油煎土豆饼至金黄色放在盘中备用。

③ 煎锅加色拉油煸炒鸡片至六成熟，取出备用。炒洋葱碎、蘑菇片出香味，烹干白葡萄酒、加白汁煮沸后下入鸡肉片略炒调味（盐、胡椒粉、淡奶油）即可放入土豆饼盘中。

④ 配煎蛋和煎火腿片。

（3）菜肴特点　色泽奶白，奶香浓郁，鸡肉嫩滑。

白汁：黄油炒面粉出香味加牛奶煮制10分钟，过滤调味即成。

5. 俄式烩牛柳（Beef Stroganoff）

（1）原料

① 主料：牛柳。

② 辅料：洋葱、青红椒、酸黄瓜、番茄、蘑菇、蒸米饭、粉芡、食粉。

③ 调料：盐、胡椒粉、番茄酱、干红葡萄酒、色拉油、法芥。

（2）制作过程

① 将牛柳切成粗丝腌制入味（盐、胡椒粉、干红葡萄酒、食粉、粉芡），洋葱、青红椒、酸黄瓜、番茄切丝，蘑菇切片。

② 煎锅添油煸炒牛柳丝至六成熟取出，再煸炒辅料（除酸黄瓜、番茄丝）出香味后下入番茄酱、法芥炒出红油。烹干红葡萄酒，加勺汤调味煮沸后下入牛柳丝、番茄丝、酸黄瓜丝略烩至入味。

③ 将烩牛柳盛入盘中配碗蒸米饭即成。

（3）菜肴特点　口味鲜美，略透酸味，牛柳软嫩。

（二）焖

焖是把加工成形的原料，经初步热加工，再放入基础汤中，加上盖，在烤箱内进行加热成熟的烹调方法。

由于焖制法加热时间较长，所以，制出的菜肴具有软烂、味浓、原汁、原味的特点。

焖制的烹调方法适用范围广泛，既可制作质地鲜嫩的原料，也适宜制作结缔组织较多的原料。焖制时间可根据原料的不同质地采用不同的加热时间。

操作要点：

（1）基础汤用量要适当，根据不同的原料，使汤汁没过原料的1/2或1/3。

（2）焖制前要用油进行初步热加工，使原料表层结成硬壳，以便保持水分。

（3）焖制前要先在炉灶上把汤加热至沸，再加盖放入烤箱焖制。

（4）焖制后再用原料调制沙司。

模块五
西式面点类

学习内容

项目1　面包类
项目2　混酥点心类
项目3　清酥点心类
项目4　蛋糕类
项目5　其他面点类

学习目的

通过本模块的学习能熟练掌握各类西式面点的制作工艺并能举一反三。

项目 1 面包类

面包的品种繁多，按其本身的质感可划分为软质面包、硬质面包、脆皮面包和松质面包四大类。这四类不同质地的面包是根据不同原料配比、不同制作程序经过配料、面团调制、发酵、成形、烘烤、冷却、装饰等工艺方法制作而成的。

面包的用途极广，广泛地应用于早、午、晚三餐及各种宴会、酒会、自助餐。

一、面包面团的调制

1. 特性

面包面团的调制过程是面包制作工艺的第一步，也是比较关键的步骤，它对面包的发酵、成形、烘烤起着至关重要的作用。通过搅拌可以充分混合所有原料，使面粉等干性原料得到完全的水化，加速面筋的形成。

面团搅拌过程的完成主要经历了四个阶段。

第一阶段：配方中的干性原料与湿性原料混合，成为粗糙且黏湿的面块，用手触摸时面团较硬、无弹性，也无延伸性，整个面团显得粗糙、易散落、表面不整齐。

第二阶段：面团中的面筋开始形成，用手触摸面团时仍会粘手，表面很湿，用手拉伸面团时无良好的延伸性，容易断裂。

第三阶段：面团表面渐趋干燥，而且较为光滑有光泽，用手触摸时面团已具有弹性并较柔软，但延伸性较弱，拉伸面团时其仍会断裂。

第四阶段：面筋得到充分扩展，具有良好的延伸性。这时面团的表面干燥而有光泽，面团内部细腻、整洁、无粗糙感，用手拉伸面团时具有良好的弹性和延伸性，面团柔软。

2. 一般用料

软质面包是以面粉、酵母、水、糖、盐为基本原料，经面团调制、发酵、成形、醒发、烘烤等工艺而制成的膨胀、松软制品。

（1）面粉　面粉由蛋白质、碳水化合物、灰分等成分组成。在面包发酵过程中起主要作用的是面粉中的蛋白质和碳水化合物。

（2）蛋白质　面粉中的蛋白质主要由麦胶蛋白、麦谷蛋白、麦清蛋白和麦球蛋白等组成。其中麦谷蛋白、麦胶蛋白能吸水膨胀形成面筋质。这种面筋质能承受面团发酵过程中氧化碳气体的膨胀,并能阻止二氧化碳气体的溢出,提高面团的保气能力,它是面包制品形成膨胀、松软特点的重要条件。

(3)碳水化合物　面粉中的碳水化合物大部分是以淀粉的形式存在的。淀粉中所含的淀粉酶在适宜的条件下,将淀粉转化为麦芽糖,进而继续转化为葡萄糖供给酵母发酵所用。面团中淀粉的转化对酵母的生长具有重要作用。

(4)酵母　酵母是一种生物膨胀剂,当面团加入酵母后,酵母即可吸收面团中的养分生长繁殖,并产生二氧化碳气体,使面团形成膨大、松软、蜂窝状的组织结构。酵母对面包的发酵起着决定性的作用,但要注意使用量。如果用量过多,面团中产气增多,面团内气孔壁迅速变薄,短时间内面团保气性很好,但时间长后,面团很快成熟过度,保气性变差。因此,酵母的用量要根据面筋品质和制品需要而定。一般情况下,鲜酵母的用量为面粉用量的3%~4%,干酵母的用量为1.52%~2%。

(5)水　水是面包生产的重要原料,其主要作用有:使面粉中的蛋白质充分吸水,形成面筋网络;使面粉中的淀粉受热吸水而糊化;促进淀粉酶对淀粉进行分解,帮助酵母生长繁殖。一般软质面包的含水量在58%~62%之间为合适(此含水量包含了鸡蛋内80%的水分含量,)但若配方中全部使用高筋面粉,则其含水量需相对增加。

(6)盐　盐可以增加面团中面筋密度,增加弹性,提高面筋的筋力。如果面团中缺少盐,醒发后面团会有下塌现象。盐可以调节发酵速度,没有盐的面团虽然发酵速度快,但发酵极不稳定,容易发酵过度,发酵的时间难于掌握。盐量多,则会影响酵母的活力,使发酵速度减慢。盐的用量一般是面粉用量的1%~2.2%。

(7)糖　糖可以增加面团中酵母的营养,促进酵母的繁殖。一般情况下,糖的含量在5%以内能促进发酵,当超过6%时,因糖的渗透性会使发酵受到抑制,发酵的速度变得缓慢。

3. 工艺方法

软质面包面团的调制方法大致有三种:一种是直接发酵法,即将所有的配料,按顺序放在搅拌容器里,一次搅拌完成;另一种是间接发酵法,即两次搅拌面团、两次发酵的工艺方法;第三种方法是快速发酵法,就是将所有的原料依次放入搅拌机内,酵母的用量加倍,搅拌的时间也比正常搅拌时间多出5~10分钟,发酵的时间一般在30~40分钟即可,其他操作步骤与直接发酵相同。

4. 注意事项

(1)制作面包的面粉宜用高筋面粉,使用前要过筛。其目的一是去除杂质；二是使面粉形成松散细腻的微粒；三是通过面粉过箩带入一定量的空气，有利于面团中酵母菌的生长繁殖，促进面团发酵。

（2）正确控制加水量及水温。水的温度对酵母的繁殖起主要的作用，水温的控制要根据面包制作环境及气候的变化而变化。

（3）合理掌握搅拌时间及搅拌速度。面团搅拌不足，面筋没有充分扩展，面筋的网络就不会充分形成，从而降低了面团在发酵时保存气体的能力，使制成的面包体积小。如果搅拌过度，也会破坏面筋蛋白质的网状结构，面团发黏，这种面团除保持气体能力差外，还会导致面包体积小，内部气孔大而多，质量差。

二、面包面团的成形

面包的成形，就是将发酵完成的面团做成各式各样的外形，使得烘烤成熟后的面包具有各式不同的外形和花样。一般面包的成形包括分割、滚圆、中间发酵、造型、最后醒发等一连串的步骤与技巧。

1. 工艺方法

（1）分割　分割是把发酵面团分切成所需重量的小面团。分割的重量一般是成品重量加上烘烤损耗重量（烘烤损耗重量一般是面坯重量的10%）。分割方法一般有手工分割和机器分割两种。

（2）滚圆　又称搓圆。即把分割好的一定重量的面团通过手工或滚圆机揉搓成圆形的工艺过程。通过滚圆才能将面团滚紧，重新形成一层薄的表皮，包住面团内继续产生的二氧化碳气体，使面团内部结构均匀而富有光泽，有利于下一步成形。

现如今许多面团分割机本身具备滚圆功能，能够分割、滚圆一次成形，这就大大提高了工作效率。

（3）中间配置　又称静置。面团经搓圆后，一部分气体被排除，面团的弹性变弱。因此，为了使面团重新产生气体，恢复其柔软程度，面团必须进行中间醒置。

中间醒置的时间根据面团的性质及整形要求灵活确定。但一般在15~20分钟。其环境温度以25~30℃，相对湿度70%~75%为宜。

（4）成形　面团经过中间醒发后，体积慢慢膨大，质地逐渐柔软，这时即可进行面包成形操作。

面团的成形操作可分为手工成形和机械成形两种。主要操作方法有滚、搓、包、捏、压、挤、擀、编、粘、摔、拉、折、叠、卷、切、割、转等。每个技术动作都有它的独特的技法，可视成形的需要，相互配合使用。

（5）装盘　面团成形之后，即可码放在烤盘或模具中，进行最后醒发，以便使面团再度膨胀宜于烘烤。

（6）最后醒发　最后醒发是面包造型装饰及烘烤前的关键阶段，也是影响面包品质的关键环节。为使面团重新产气、膨松，得到制品所需的形状和较好的食用品质，大多数面包制作都需最后的醒发过程。

（7）最后成形及美化装饰　面包经过最后醒发后还需进行最后的成形及美化装饰。这是面包制作中关键的一步，也是决定面包品质好坏、口味优劣、外形是否美观的重要步骤。

面包的最后成形及美化装饰形式多种多样，但最基本的有刷、剪、压、洒、切、割等方法。可根据生产面包种类、口味、辅助原料的不同加以灵活运用。

面包的最后成形及美化装饰，决定了面包的最后形状，是面包定型的最后一步。许许多多的面包，无论是简单的刷蛋水、撒芝麻，还是剪出各种形状或切出造型都是在这一阶段进行。

此外，面包的最后成形及美化装饰也是反映生产者聪明才智和生产工艺技术的重要方面。

2. 注意事项

面包在成形过程中，有许多环节是举足轻重的。它不仅关系到面团在一系列的制作过程中所应有的品质和质量，更关系到成品的质量。因此，面包在成形过程中，应特别注意以下几个方面。

（1）在面团的分割过程中，不论是手工分割还是机器分割，动作要迅速，以免面团发酵过度，影响面包质量。

（2）中间醒发时，应尽量不使面包吹风，以免面团表面结皮，品质受影响。

（3）面包在成形时，制品形状、大小要一致，同时在操作时，不要放干面粉太多，否则会影响成品质量。

（4）面包在装盘时应做到不同性质、不同大小的面包不放在同一烤盘中。同时，对有结头的面团将结头朝下码放，以防烘烤时结头爆开，影响成品质量和美观。

（5）制品码放的疏密要合理适当。因为码放过密，成品胀发后易粘连；码放过疏，面坯在烘烤时受热面积增大，易造成表皮颜色不匀，同时也造成烤盘的使用浪费。一般情况下，面包码放时，互相之间应有一定距离，以不互相粘连为准。

（6）最后醒发时，在面包放入醒发箱之前，应仔细检查醒发箱的温、湿度是否与所需醒发的面包要求相符，如有问题要及时加以修正。

三、面包的成熟

1. 工艺方法

面团经过最后醒发和最后成形美化装饰后，待体积增至原来的1～3倍时，即可进行烘烤。烘烤成熟是面包制作过程中最后一个步骤，同时也是将面团变成面包的一个关键阶段。

面包的烘烤温度一般在200～230℃，但要视面包的大小、体积薄厚来灵活确定。在大多数情况下，面包生坯的质量越轻、体积越小，所用的温度越高，时间越短。反之，则温度相对越低，时间也越长。

2. 注意事项

（1）烘烤面包时，应了解面包的性质和配方中原料的成分。

（2）在面包坯表面刷蛋液时，要根据需要调节蛋液浓度，同时刷蛋液的动作要轻柔，刷入量以蛋液不从面坯表面流下为宜。

（3）在软质面包烘烤过程中，不要经常打开烤箱门，以防影响面包的质量。

（4）制品符合卫生要求。

项目 2 混酥点心类

一、混酥面坯的调制

1. 特性

混酥类点心是用黄油、面粉、鸡蛋、糖等主要原料，通过成形、烘烤、装饰等工艺而制成的一类点心。此类点心的面坯无层次，但具有酥松性。

混酥面坯的酥松性，主要是由面团中的面粉和油脂等原料的性质所决定的。这类面坯油脂比例越高，酥松性越强。

混酥面坯是西式面点制作中最常见的基础面坯之一，其制品多见于各种排类、挞类、饼干类以及各式蛋糕的底部装饰和甜点的装饰等。

2. 一般用料

调制混酥面坯的基本用料有面粉、黄油、糖、鸡蛋等。在实际生产中，为了增加混酥面坯的口味和成品的质量，往往要加入其他辅料或调味品以增加成品的风味和酥松性。如为了突出混酥面坯的香味，可在调制混酥面坯时，加入适量的香兰素或香草精；为了增加混酥面坯的独特口味，可在调制面坯时，加入适量的柠檬皮、杏仁粉等。

3. 工艺方法

在实际应用中，制作混酥面坯最基本的工艺方法有：油面调制法和油糖调制法。

（1）油面调制法　油面调制法是先将油脂和面粉一同放入搅拌缸内，慢速或中速搅拌，当油脂和面粉充分相融后，再加鸡蛋等辅料的制作混酥面坯的方法。

这类混酥面坯的制作要求是，面坯中的油脂要完全渗透到面粉之中，这样才能使烘烤后的产品具有酥性特点，而且成品表面较平整光滑。

（2）油糖调制法　此方法是先将油脂和糖一起搅拌，然后再加入鸡蛋、面粉等原料制作混酥面坯。

4. 注意事项

（1）制作混酥面坯的面粉最好用低筋面粉，如果面粉筋度太高，则在搅拌面团和整形过程中易揉捏出筋，在烘烤中使面皮发生收缩现象，导致产品坚硬，失去应有的酥松品质。

（2）制作混酥面坯时，应选用颗粒细小的糖制品，如细砂糖、绵白糖或糖粉。如果糖的晶体粒太粗，在搅拌中不易溶化，造成面团擀制困难，制品成熟后，表皮会呈现一些斑点，影响产品质量。

（3）加入面粉后，切忌搅拌过久，更不能反复揉搓，以防面粉产生筋性，影响成形和烘烤后产品的质量。

（4）混酥面坯制成后，应装入容器中并存放在冰箱中冷却。其目的：一是使面团内部水分能充分均匀地吸收；二是促使黄油凝固，易于面坯成形；三是能使上劲的面团得到松弛。

二、混酥面坯的成形

1. 工艺方法

混酥类点心的成形一般是借助模具完成的。方法是根据制品的需要取出适量面团放在撒有干面粉的工作台上，擀制成薄厚一致的片，然后放在模具里或借助模具印模成形。常用的模具有菊花圆形扣压膜和圆形扣压模等。

混酥面坯成形的好坏，直接影响到混酥制品的质量和外观。因为在成形过程中许多因素都直接或间接影响到混酥面坯的组织结构，最终影响到甜品成品的质量。

混酥面坯的成形手法很多，如擀、切、捏、刻等。每个动作都有它特有的功能，可视其造型的需要，相互配合应用。

2. 注意事项

（1）混酥面坯在擀制时，应做到一次性擀平，并立即成形。

（2）擀制成形时，为防止面团出油、上劲，不要将面坯反复擀制揉搓，以免产生成品收缩、口感发硬、酥松性差的不良后果。

（3）在捏制成形时，动作要快、要灵活，否则混酥面坯在手指的温度下极易变软，影响操作。

三、混酥制品的成熟

1. 工艺方法

混酥制品的成熟主要采用烘烤成熟的方法，即成形后的制品摆放在烤盘上进入事先预热的烤箱中进行成熟。其温度、时间、制品的码放及装饰则依制品要求而定。例如，对于较小的混酥面坯制品，由于烘烤胀发能力小，在摆放时要相应紧凑一点，以免制品产生焦边现象，导致颜色不均匀。而有的品种在烘烤前要在表面刷一层蛋液，划上花纹，以增加制品的色泽和美观。

成熟后的制品往往还要进行装饰，方法也不同。有的码鲜水果、挂巧克力、挂翻砂糖，有的撒糖粉、拼挤各种图案等。但无论怎样装饰，其效果要淡雅、清新、自然。

2. 注意事项

（1）要根据混酥制品的要求和特点，灵活掌握烘烤时的温度及时间。

（2）对于夹有馅心的混酥制品，入炉前要在制品的表面扎些透气眼，以利于烘烤时水气的溢出，保持制品表面的平整，保证成品的美观。

（3）烘烤成熟的制品，须及时取下模具，以防模具的热传导性仍能使制品继续加热。如不及时将模具取下，将影响成品的色泽和质量。

（4）检查夹有馅心的混酥制品是否成熟时，首先要看制品底部成熟程度，然后再决定是否出炉。

项目 3 清酥点心类

一、清酥面坯的调制工艺

1. 特性

清酥面坯是用冷水面团与油面团互为表里，经过反复擀叠、冷冻等工艺而制成的面团。清酥面坯制品具有层次清晰、入口香酥的特点，是西式面点制作中常用的面坯之一。

清酥面坯由两种不同性质的面团组成。一种是面粉、水及少量油脂调制而成的水面团，另一种是油脂与少量面粉结合而成的油面团，两者相间擀叠而成清酥面坯。

2. 一般用料

清酥面坯的主要用料是高筋面粉、油脂、水、盐等，它们在面坯中发挥着各自的作用。

3. 工艺方法

清酥面坯的调制是一项难度大、工艺要求高、操作复杂的制作工艺。在行业中，其具体方法有两种，一种是水面包油面调制，另一种是油面包水面调制。

（1）水面包油面的调制

① 调制水面坯：先将过筛的面粉与盐、油脂同放在搅拌机中搅拌至面坯均匀有光泽。取出面坯，放在工作台上，将面团分割、滚圆，并在滚圆的面坯顶部用刀划刀口（其深度约为面坯高度的1/3），然后将加工好的面坯用湿布盖上进行醒置。

② 调制油面坯：油脂化软，根据原料配比与适量面粉搓匀，成长方形或正方形，放冰箱中冷却。

③ 包油：将醒好的水面团或油面坯擀成或压成四边薄、中间厚的正方形，油面坯放在水面坯中央，然后分别把面坯四角的面皮包盖在中间的油脂面坯上，包好面坯稍醒置后，即可折叠擀制。

④ 擀叠：将醒置后的面坯，用走槌或压面机从面坯中间部分向前、后擀开，将面坯擀至长度与宽度比为3∶2时，从面坯两边叠上来，叠成三折，然后将折叠成三折的长方形面团横过来，进行第二次擀制，方法同第一次，

擀叠完成后放入冰箱冷却，冷却后手触黄油稍有硬感时，就可以进行第三次和第四次擀制。待面全部擀完后，将面团放在托盘内，用湿布盖好放入冰箱备用。

（2）油面包水面调制　油面包水面与水面包油面的工艺方法相比，两者的原料、工艺过程基本相同，只是用料配比及操作手法有差异。

制作油面包水面的方法是：根据原料配比，分别调好油面和水面。待面坯冷却后，将油面擀成长方形，把水面放在擀开的油面一端，对折，然后用走槌或压面机进行反复擀叠、冷冻，最后将面坯用湿布盖好，备用。

4. 注意事项

（1）制作清酥面坯的面粉应用高筋面粉，低筋粒面粉不易使面团产生筋力，导致烘烤后制品层次不清、起发不大。

（2）宜采用熔点较高的油脂。熔点低，油脂在折叠时容易软化，产生熔油现象，影响成品起酥效果。

（3）面粉与油脂要充分混合均匀，不能有油脂疙瘩或干面粉。

（4）包入的油脂应与面团的软硬一致，油脂过软过硬，都会出现油脂分布不均匀或跑油现象，降低成品的质量。

（5）压制面坯或擀制面坯时，面坯要薄厚均匀。

二、清酥制品的成形

1. 工艺方法

清酥类点心的成形方法多种多样。一般方法是：将折叠、冷却完毕的面坯，放在工作台上擀薄擀平，或用压面机压薄压平，然后将面坯切割成形，或运用卷、包、码、捏或借助模具等成形方法，制成所需产品的形状。

2. 注意事项

（1）清酥面坯不可冷冻得太硬，如过硬，应放在室温下使其恢复到适宜的硬度，再进行操作。

（2）成形后的面皮薄厚要一致，否则制作出的产品形状不整。

（3）操作间的温度应适宜，应避免过高。

（4）成形操作的动作要快、干净利索，整个动作一气完成。面坯在工作台上放置时间不宜太长，防止面坯变得柔软，增加成形的困难，影响产品的膨大和形状的完整。

（5）用于成形切割使用的刀子应锋利，切割后的面坯应整齐、平滑，间隔分明。

三、清酥制品的成熟

1. 工艺方法

清酥制品大多应用烘烤的方法使制品成熟，有的根据需要也用炸的方法成熟制品。其一般方法是：将成形后的半制品放入烤盘中，进入提前预热的烤箱中，使制品成熟。其烘烤温度和时间视制品要求而定。烘烤箱的温度一般在220℃。

在实际工作中，防止制品表面色泽过深而制品未熟的常用方法是，当清酥制品已上色，而制品内部仍未熟时，可以在制品上面盖上一张锡纸或油纸，以便保持制品在炉内能均匀膨胀，当制品不再继续膨胀时，就可以将纸拿下，改用中火继续将制品烤熟。

2. 熟制注意事项

（1）要确认清酥制品已从内到外完全成熟后，才可以让制品出炉。

（2）在烘烤过程中，尤其是在制品受热膨胀阶段，不要时时将炉门打开，这是因为清酥制品完全是靠蒸汽胀大体积的，当炉门打开后，蒸汽会大量溢出炉外，使清酥制品的胀大受到影响。

（3）在膨胀过程中制品受较大的震动，会严重影响清酥制品的体积增大，应避免震动烘烤。

3. 成品质量标准

（1）制品应内外熟透，颜色正常。

（2）制品外观整齐，不歪不斜。

（3）制品的卫生状况良好，底部不煳，无杂质粘连。

（4）制品口味符合质量标准。

项目 4 蛋糕类

一、一般特征

蛋糕是西点常见的品种，根据用料和加工工艺，可分为清蛋糕和油脂蛋糕两大类。

清蛋糕又称海绵蛋糕、乳沫蛋糕，是蛋糕类最常见的品种之一，具有色泽金黄，质地膨大、松软，口感柔软、细腻、香甜，形似海绵的特点。清蛋糕的用途极广，常用于西式各类奶油甜点、黄油甜点及生日蛋糕的坯料。

清蛋糕是用全蛋、糖搅打后与面粉混合在一起制成的蓬松制品，这种蛋糕的膨松主要是靠蛋白搅打后的作用，是物理蓬松作用的结果。

油脂蛋糕是配方中含有较多油脂的一类松软制品。油脂蛋糕具有良好的香味，柔软滑润的质感，入口香甜，回味无穷。油脂蛋糕根据配方中油脂的比例不同，又可分为轻油脂蛋糕和重油脂蛋糕，但它们同属面糊类蛋糕。

二、调制方法

1. 一般用料

清蛋糕面糊使用的原料主要有低筋面粉、糖和鸡蛋，另外还根据蛋糕品种的需要，加入香料及适量的油脂或液体等。由于清蛋糕面糊中所使用的鸡蛋成分不同，有的只用蛋清，有的用全蛋，又有的加大蛋黄的用量，因此清蛋糕有天使蛋糕和全蛋海绵蛋糕之分。

油脂蛋糕根据配方的不同，用料有差异，有的配方用膨松剂，而有的则加大配方中油脂、蛋液的使用量，使制品膨松。但一般主要的原料有油脂、鸡蛋、糖、面粉等。这些用料依据各自的特点，在制品中发挥着作用。

2. 一般工艺方法

蛋糕糊是靠打蛋机（或打蛋器），在盛有配料的容器中不停地快速转动，将蛋液、糖、油脂等搅拌均匀，同时产生大量的气泡，来达到膨胀的目的。蛋糕成品质量和蛋糕的配料、温度、搅拌的速度和时间之间有密切的关系，不同的配料，采用不同的搅拌方法就能做出不同质量的蛋糕。

（1）清蛋糕的调制方法　根据蛋液的使用情况，清蛋糕调制可分为全蛋搅打法（行业称"混打法"）和蛋清、蛋黄分开搅打法（行业称"清打法"）。

① 全蛋搅拌法：是将糖与全蛋液在搅拌机内一起抽打到蛋液体积膨胀3倍左右，成为乳白色稠糊状后，加入过筛面粉调拌均匀的方法。全蛋搅拌法制作出的清蛋糕坯，广泛用于西点各种蛋糕的坯料，如普通的生日蛋糕、黑森林蛋糕、英式咖啡蛋糕、意大利奶油蛋糕、慕斯蛋糕等。

② 蛋清、蛋黄分开搅拌法：是将蛋清、蛋黄分别置于两个容器内，首先将蛋清加入少量的糖，搅打起泡沫后，再加入总糖量的1/2继续抽打均匀，待用抽子或手将蛋清挑起能够立住时即可。然后在装有蛋黄的容器中，加入剩余的糖进行快速搅打，使其成为乳黄色蛋黄糊。将蛋黄糊倒入蛋清糊中搅拌均匀，最后加入过筛后的蛋糕面粉搅匀即可。

（2）油脂蛋糕的调制方法　油脂蛋糕大多采用油、糖搅拌法和面粉、油脂搅拌法。前者是先将油和糖放在容器中充分搅拌，使油和糖融合大量的空气，待体积膨胀后，再将其他配料依次放入搅拌均匀。采用此种方法制作的蛋糕，体积大、组织松软。后者的具体方法：先将面粉、油脂搅拌均匀，然后再依次放入其他原料。这种方法制作的蛋糕较油、糖搅拌法制作的蛋糕，其内部组织紧密。

在实际工作中，轻油脂和重油脂蛋糕面糊的调制工艺基本相同。可以针对两种蛋糕的性质和顾客的需求来控制蛋糕的组织和结构，以生产出不同品质和特性的油脂蛋糕。

（3）蛋糕坯搅拌的基本要求

① 认真选择原料。面粉宜用低筋度面粉，如果没有低筋度面粉可用部分玉米粉代替面粉。鸡蛋要新鲜，因为新鲜鸡蛋的胶体溶液浓度高，能更好地与空气相结合，保持气体性能稳定。要选用可塑性、融合性和油性好的油脂，以提高坯料的蓬松性。

② 单独搅拌蛋清时，搅打工具和容器不能沾油，以防破坏蛋清的胶黏性。

③ 严格控制搅拌的温度，全蛋液的温度一般在25℃左右，蛋清的温度一般为22℃左右。温度过高，蛋液会变得稀薄，胶黏性差，无法保存气体。温度过低，黏性较大，搅拌时不易带入空气。黄油的温度应控制在25℃左右，若是温度过低，搅拌时易于凝固而不膨松，温度过高，也会因熔化而失去乳化性能。

④ 搅拌鸡蛋的时间不宜过长，否则会破坏糊中的气泡，影响蛋糕质量。

三、蛋糕的成形

蛋糕类的点心品种很多，其大多是在蛋糕坯的基础上，进行加工、装饰而成。

蛋糕原料经过搅拌后，即可入模具中进行蛋糕坯成形，用刮板刮平后进炉烘烤。蛋糕坯的整体形状由蛋糕坯模具的形状决定，为了保证蛋糕成形的质量，蛋糕在成形时考虑以下几点。

（1）正确选择模具　常用模具的形状有圆形、长方形、桃心形、花边形等，还有高边和低边之分，深的一般在5~8厘米，浅的在2~3厘米。选用模具时要根据制品特点及需要灵活选择。一般来说，蛋糊中油脂含量较高，制品不易成熟，选择模具时不宜过大。相反，蛋糊中油脂成分少、组织松软，容易成熟，选择模具的范围比较广泛，可根据需要掌握。

（2）掌握蛋糕糊的填充量标准　蛋糕糊的填充量是由模具的大小决定的。蛋糕糊的填充量一般以模具的七八成满为宜，因为蛋糕类制品在成熟过程中会继续胀发。

此外，为了防止成熟的蛋糕坯黏附模具，在盛装蛋糕糊之前，在模具中应垫一层纸或刷一层油。如果使用无底圈的蛋糕圈做模具，还要用油纸将蛋糕圈底部包好，以免倒入清蛋糕糊时流出来。

四、蛋糕的成熟

蛋糕制品是在烤箱内，通过辐射热、传导热、对流热的作用而成熟的，这是一项技术性较强的工作。蛋糕的成熟是制作清蛋糕制品的关键步骤之一。蛋糕制品的成熟度与烘烤箱的温度及烘烤时间有着密切的关系。一般蛋糕的烘烤温度为180℃/200℃。

影响蛋糕制品成熟的因素很多，如蛋糕制品的性质和要求，烤箱的性能，烤箱的使用方法，是否提前将烤箱调到所需的温度预热，以及烘烤温度和时间等。其中以烤箱的温度和时间最为重要。

蛋糕制品烘烤的温度与时间随面糊中的配料的不同而有所变化。面糊中油脂配料投入越多，油脂占的比重较高，所需的烘烤温度就越低，时间也就越长，相反，则温度高时间短。

蛋糕制品的烘烤温度和时间与制品的形状、大小、薄厚也有密切的关系。在相同的烘烤条件下制品的形状、大小及薄厚不同，烘烤的温度和时间大不一样。制品形状越大，体积越厚，所需烘烤温度越低，时间越长。反之，则温度要高一些，时间短一点。

1. 蛋糕制品的成熟检验

蛋糕制品在炉中烤制所需的基本时间后，应检验蛋糕是否成熟。其检验方法主要有：

（1）观察制品色泽是否达到要求，制品外观是否完整。成熟后的制品应色泽均匀，顶部不塌陷或隆起。

（2）可用手指在蛋糕顶部中央轻轻触碰，如果感觉坚硬，呈固体状，表示蛋糕尚未成熟。若手指压下去的部分马上弹回，则表示蛋糕已经熟透。

（3）可用牙签或其他细棒在蛋糕中央插入，拔出后不黏附面糊，则表明已成熟；反之则没有烤熟。

成熟后的蛋糕应立即从烤箱中取出，否则烘烤时间过久，蛋糕内部水分损耗太多，蛋糕易干硬，影响品质。

2. 注意事项

（1）烘烤蛋糕制品之前，应把烤箱预热，这样在蛋糕放入烤箱时能达到相应的烘烤温度。一般的清蛋糕烘烤温度在190～200℃。

（2）必须了解将要烘烤的清蛋糕的品质和要求，及时设置所需的烘烤温度、时间。

（3）了解烤箱的性能，正确掌握烤箱的使用方法。

（4）清蛋糕制品烘烤时，烤盘应放在烤箱的中央位置，烤盘、模的码放不能过密，更不能重叠码放，否则制品受热不均匀，会影响成品的质量。

（5）不同性质、大小的蛋糕制品不可在同一烤盘、同一烤箱内烘烤。

（6）蛋糕面糊混合好后，应尽快放到烤盘、烤模中，然后进炉烘烤。

五、蛋糕的表面装饰

蛋糕的表面装饰是蛋糕制作工艺的最终环节，通过装饰与点缀，不但增加蛋糕的风味特点，提高产品的营养价值和质量，更重要的是给人们带来美的享受，增进食欲。

1. 蛋糕的装饰材料

蛋糕的装饰材料比较多，按照用途可分为两大类，即表面涂抹的软质原料和进行捏塑造型、点缀用的硬质材料。原料的选择多以色泽美观、营养丰富为特点。常用的蛋糕装饰材料有：

（1）奶油制品　黄油、鲜奶油等。

（2）巧克力制品　奶油巧克力、翻糖巧克力、巧克力米、巧克力碎皮等。

（3）糖制品　蛋白糖，糖粉，装饰豆、花等。

（4）新鲜果品及罐头制品　草莓、红樱桃、菠萝、鲜桃、猕猴桃、黑樱桃、龙眼罐头等。

2. 蛋糕的装饰手法

（1）涂抹　涂抹是装饰的最初阶段，一般方法是：首先将一个完整的蛋糕坯片成若干层，然后借助工具以涂抹的方法，将装饰材料（如膨松体奶油）涂抹在每一层的中间及外表，使表面光滑均匀，以便对蛋糕做进一步的装饰。

（2）淋挂　淋挂是将较硬的材料，经过适当温度熔化成稠状液体后，直接淋在蛋糕的外表，冷却后表面凝固、平坦、光滑，具有不粘手的效果，如脆皮巧克力蛋糕。

（3）挤　挤是将各种装饰用的糊状材料（如打起的鲜奶油等）装入带有裱花嘴的裱花袋中，用手施力挤出花形和花纹。

（4）捏塑　捏塑是将可塑性好的材料（如马司板、糖制品），用手工制成形象逼真、活泼可爱的动物、人物和花卉等造型。捏塑制品的原料和装饰应具有可食性、观赏性。

（5）点缀　点缀是把各种不同的再制品或干鲜果品，按照不同的造型需要，准确摆放在蛋糕表面的适当位置上，以充分体现制品的艺术造型。

项目 5
其他面点类

在西式面点的制品中，除上述四大类外，还有许多类制品，如泡芙类、饼干类、冷冻甜食类、巧克力类等。

一、泡芙类

泡芙是英文cream puff的译音，中文习惯称为气鼓。泡芙是一种常用的甜点。

泡芙类制品主要有两类，一类是圆形的，英文叫cream puff，中文称为奶油气鼓，此类制品还可根据需要组合成象形制品，如鸭形、鹅形等。另一类是长形的，英文叫eclair，中文称为气鼓条。但二者所用的泡芙面糊是完全相同的，只是在成形时所用的裱花嘴及手法上有差异，因此产生形状上的变化。

1. 泡芙面糊的调制

泡芙是常见的西式甜点之一，是用烫制面团制成的一类点心，它具有外表松脆、色泽金黄、形状美观、食用方便、可口等特点。

泡芙面糊是由液体原料、油脂、烫面粉加入鸡蛋制成的。它的起发主要是由面糊中各种原料的特性及面坯制作的特殊的工艺方法——烫制面团所决定的。

泡芙面糊的用料主要是油脂、面粉、鸡蛋、水等。

（1）调制工艺　泡芙面糊的调制一般经两个过程。一是烫面，具体方法是：将水、油、盐等原料放入容器中，上火煮开。待黄油完全融化后加入过筛的面粉，用木勺快速搅拌，直至面团烫熟、烫透撤离火位。二是搅糊，方法是待面糊凉凉，将鸡蛋分次加入到烫过的面团内，直至加到所需的质量要求。

检验面糊稠度的方法是：用木勺将面糊挑起，当糊能均匀缓慢地向下流时，即达到质量要求。若流得过快，说明糊稀；相反，说明鸡蛋量不够。

（2）注意事项

① 调制面糊时，要注意将面粉完全烫熟，防止煳锅底。

② 面粉必须过筛，去除面粉中的颗粒及杂质。

③ 烫制面粉时，要充分搅拌均匀，不能有干面粉疙瘩产生。

④加入鸡蛋时，要待面糊冷却后放入鸡蛋，而且每次加入时必须搅拌至鸡蛋全部融于面糊后，再加下一次的鸡蛋。

2. 泡芙面糊的成形

泡芙面糊的成形一般用挤制法，具体工艺过程如下。

（1）准备好干净的烤盘，上面刷上一层薄薄的油脂，撒上薄薄一层面粉。

（2）将调制好的泡芙面糊装入带有裱花嘴的裱花袋中，根据需要的形状和大小，将泡芙面糊挤在烤盘上，形成花样。一般形状有圆形、长方形、椭圆形等。

3. 泡芙面糊的成熟

泡芙的成熟方法有两种，一是烘烤成熟，另一种为油炸成熟。

（1）烘烤成熟　泡芙成形后，即可放入200℃左右烘烤箱内烘烤，直至表面呈金黄色、内部成熟为止。

（2）油炸成熟　油炸成熟的一般方法是：将调好的泡芙糊用餐勺或裱花袋加工成圆形或长条形，加入五六成热的油锅里，慢慢地炸制，待制品炸成金黄色后捞出，沥干油分，趁热撒上或沾上所需调味、装饰料，如撒糖粉、沾巧克力等。

二、饼干类

饼干是西式面点制作中最常见的品种之一。饼干的种类很多，一般来讲，按照原料的使用及制作工艺来分，可分为：混酥类饼干、清蛋糕类饼干、蛋清类饼干、圣诞节饼干等。

1. 饼干面坯的调制

根据饼干的种类和性质，各类饼干面坯的调制工艺各不相同，常见的有以下几种。

（1）混酥类饼干　混酥类饼干的面坯调制工艺和混酥面坯的调制工艺基本相同。常见的调制方法有两种，一种是将面坯调好后，直接成形加工成品。另一种是将调制好的面坯放入冰箱冷冻24小时后，再加工成需要的形状及大小，这种方法用途极为广泛。

（2）清蛋糕类饼干　清蛋糕类饼干的调制工艺与清蛋糕的调制工艺类似，只是在原料使用量的分配比例上和清蛋糕略有不同。有些清蛋糕类的饼干仅用蛋黄，这种配比制作出的饼干在口味及口感上，都与加入蛋清的饼干有明显的不同。

（3）蛋清类饼干　又称蛋白饼干，一般以蛋清、糖作为主料，经过低温烘烤后成熟，具有酥脆香甜、入口易化、营养丰富、成本低廉的特点。

（4）圣诞节饼干　圣诞节饼干是西餐圣诞节期间制作的饼干，由于圣诞节饼干具有季节性及工艺的特殊性，因此，无论圣诞节饼干采用哪种调制方法，仍归类于圣诞节饼干类。

圣诞节饼干品种繁多，有相当一部分产品，无论是原料的使用搭配、原料配比，还是调制工艺，都和其他的饼干类有着十分明显的区别。

2. 饼干的成形

面坯调制后，即可根据需要，利用各种不同的工艺方法将饼干面坯制成各种形状。

饼干成形的方法多种多样，在西式面点工艺中，常用的成形方法有以下几种。

（1）挤制法　挤制法又称一次成形法。就是把调制好的饼干面糊装入带有裱花嘴的裱花袋中，直接挤到烤盘上，然后放入炉中烘烤成熟。

（2）切割法　切割法是将调制好的饼干面坯放入长方盘或其他容器内，然后放入冰箱冷冻数小时，待面坯冷却后，用刀切割成所需形状和大小的方法。如黑白饼干、三色饼干、果酱饼干、牛眼饼干等均属于用此种方法制作的饼干。采用此方法的饼干大多在面坯内含有大块的果仁或果料。

（3）花戳法　花戳法是把冷却了的面坯擀成一定厚度的面片后，用花戳子戳成各种形状的方法。如混酥类的饼干除使用切割法外，还经常使用花戳法。

（4）复合法　复合法就是采用多种成形工艺，利用两种以上各不相同的成形方法使饼干成形。复合加工成形的饼干，较其他方法工艺复杂。

运用此方法制作出的饼干成品，既可归入饼干类，也可归入甜点类，均为较高级的甜点饼干，如蜂蜜果仁巧克力饼干、杏仁糖巧克力饼干等。

除此之外，饼干的成形手法还有许多，如运用卷、写、画的方法制作蛋卷饼干、字母饼干、动物饼干等。

3. 饼干的成熟

饼干面坯成形后，应放入烤箱内烘烤成熟。一般情况下，烘烤饼干的温度在200℃左右。

在烘烤时，要根据饼干的性质和特点以及放入烤箱中饼干的数量，合理地安排烘烤时的温度及时间，以达到最适合的烘烤条件。

三、奶油胶冻

1. 奶油胶冻的调制

（1）一般特性　奶油胶冻又称"巴伐利亚胶冻"，它是一种含有丰富乳脂和蛋白的甜点，具有外形美观、质地细腻、口感香甜的特点。

（2）一般用料　常见奶油胶冻的用料，包括鲜奶油、牛奶、蛋黄、蛋白、糖、香精、鱼胶片、巧克力等。有的根据制作品种和口味的要求，还要加入相应的其他原料，如水果汁、香草或调味剂，以增加制品的风味特色和花色品种。

（3）工艺方法　奶油胶冻的调制方法根据品种的不同有差异，但一般的规律是：鸡蛋、奶油分别打起，牛奶煮开，鱼胶片泡软化开，其他配料备好，最后根据制品种类、风味特点，组合成奶油胶冻糊。

2. 注意事项

（1）鱼胶片要泡软泡透。要使用合理的配方来生产。

（2）夏天搅打奶油时，要在搅拌器下用冰水冷却，因为奶油搅打的最佳温度为2～4℃，否则成品不稠，影响质量。

（3）牛奶、蛋糕的混合液与打起的奶油进行搅拌时，动作要轻、要快。

（4）如果要加入其他原料如果汁、果肉等，应适当增加鱼胶片的使用量。

（5）必须在奶油胶冻液体完全降至室温时，才可以加入鲜奶油，搅拌时不要太快，也不要用力过猛。

（6）必须在煮好的液体温度降至70～80℃时，才可冲入蛋黄内，否则温度过高，易使蛋黄受热凝固。

（7）加入化开的鱼胶片时要注意其温度不可过高，否则加入奶油胶冻液体时会产生颗粒，影响制品凝固。

3. 奶油胶冻的成形方法与要求

（1）成形方法　奶油胶冻的成形方法有多种，一般情况下，其成形的方法依照制品模具的不同而不同，但在相同的条件下，无论采用何种成形方法和模具，都必须在冰箱内进行冷藏成形。

（2）注意事项

① 确保制品用料的配比合理，以使产品的质量达到最佳标准。

② 奶油胶冻的最后成形要在冰箱内冷藏完成。

③ 用模具成形奶油胶冻时，要保证模具清洁，使产品符合卫生标准。

4. 奶油胶冻的冷却

（1）工艺方法　奶油胶冻的冷却应在冰箱内进行。胶冻的冷却时间一般在3～6小时，其冷却时间、凝固程度与配料中鱼胶片的使用量有关。一般情况下，原料中的鱼胶片量越大，所需的时间就越短，凝固程度相对越稳定。但过量的鱼胶片不仅影响成品的口味、口感，而且还直接影响到成品的质感和品质。

此外，胶冻的冷却时间还与制品的大小、薄厚有着紧密的关系。体积越大、越厚，所需时间就越长。

（2）工艺要求

① 奶油胶冻的冷却，不可在0℃以下的冰箱内进行。

② 严格按照制品的生产配方使用原料，不可多放或少放某种原料。

③ 冷却过程中，应避免剧烈震动。
④ 定型后的制品脱模时，要保持制品的完整。

（3）质量标准

① 制品要软硬适度，造型美观整齐。

② 口味、口感符合制品特点和标准。

模块六

不同国家和地区的菜式特点及菜例

学习内容

项目1　法国菜的特点和经典菜式

项目2　意大利菜的特点和经典菜式

项目3　美国菜的特点和经典菜式

项目4　英国菜的特点和经典菜式

项目5　俄国菜的特点和经典菜式

项目6　德国菜的特点和经典菜式

项目7　东南亚菜的特点和经典菜式

学习目的

通过本模块学习，使学生了解不同国家和地区的菜式特点及其菜例，同时对经典菜式有所了解。

项目 1
法国菜的特点和经典菜式

法国菜是世界三大美食（法国菜、中国菜、土耳其菜）之一，法国美食的特色在于使用新鲜的季节性材料，加上厨师个人的独特的调理，完成独一无二的艺术佳肴极品，无论视觉、嗅觉、味觉、触感上，都是无与伦比的享受，而在食物的品质服务和用餐气氛上，更要求精致化的整体表现。

在法国国内，法国菜所代表的是精致、浪漫、高雅和昂贵，真正名贵的法国料理，吃一餐可能达一人7000元左右，价格全赖菜肴的种类而定。由于法国菜极重视原料素材的新鲜上等，所以法国国内的法国餐厅多半采用空运现吃的方式，吸引了许多老饕慕名而来，也造成了法国菜的价格居高不下。

法国菜的特色是汁多味腴，而吃法国菜必须有精巧的餐具和如画的菜肴满足视觉；扑鼻的酒香满足嗅觉；入口的美味满足味觉；酒杯和刀叉在宁静安详的空间下交错，则是触觉和味觉的最高享受。这种五官并用的态度，发展出了深情且专注的品位。

一、法国菜的特点

1. 选料广泛、讲究

一般来说西餐在选料上的局限性较大，而法式菜的选料却很广泛，如黑菌、洋百合、椰树芯、蜗牛等皆可入菜，而且在选料上很精细。

2. 讲究菜的鲜嫩

法式菜要求菜肴水分充足，质地鲜嫩，如牛排一般只要求三四成熟，烤牛肉、烤羊腿只需七八成熟，而牡蛎一类大都生吃。

3. 讲究原汁原味

法式菜非常重视沙司，一般由专业的厨师制作，而且什么菜用什么沙司，也很讲究，如做牛肉菜肴用牛骨汤汁，做鱼类菜肴用鱼骨汤汁。有些汤汁要煮8个小时以上，使菜肴具有原汁原味的特点。

4. 用酒调味

法国菜讲究做什么菜用什么酒，用量也很大，以致很多法式菜都带有酒香气。

二、经典菜式

法国菜的经典菜式包括洋葱汤、鱼子酱、鹅肝（图6-1）酱、牡蛎杯、焗蜗牛、西冷牛排、马令古鸡、马赛鱼羹等。

近年来，法国菜不断精益求精，并将以往的古典菜肴采用所谓的新菜烹调法（Nouvelle Cuisine），并相互运用，调制的方式讲究风味、天然性、技巧性、装饰和颜色的配合。法国菜因地理位置的不同，而含有许多地域性菜肴，如法国北部畜牧业盛行，各式奶油和乳酪让人食指大动，南部则盛产橄榄、海鲜、大蒜、蔬果和香料。

图6-1　法国鹅肝

知识拓展

世界三大美食中最广为人熟悉的鱼子酱（Caviar），其实就是盐渍的鲟鱼鱼卵，这种享负盛名的美食，早在13世纪，就被喻为人间的极品。传闻当时在丹麦的一份报纸上，曾提到当地一家工厂接到制造鲟鱼鱼子酱订单的要求，这应是鱼子酱的最早记载。

除了鲟鱼外，鱼子酱也会用到鳟鱼、鲜鱼、鳕鱼、鳇鱼等材料。其中，尤以鳇鱼最为特别，因其生长的地方仅限于里海和黑海。鱼子酱可以搭配任何材料，仍不会失去其鲜美风味，无论是冷盘、美酒、糕点等，无一不可和鱼子酱配合成绝妙的菜式。如果真的要说鱼子酱最常使用的地方，大概算是和香槟配合的开胃菜吧！

复习思考题

法国菜的特点及经典菜式有哪些？

项目 2 意大利菜的特点和经典菜式

意大利地处欧洲南部的亚平宁半岛，古时以佛罗伦萨城为首的王公贵族们，纷纷以研究开发烹调技艺及拥有厨艺精湛的厨师来展现自己的实力与权力，并以此为尊贵和荣耀。因此，当时一般的平民百姓认为只要能成为烹调料理的高手，就有置身贵族圈的机会，以致全国上下弥漫在烹调技艺的研发乐趣之中，顺势将餐饮业发展推向鼎盛时期，进而奠定出"西餐之母"的神圣地位，并影响了欧洲的大部分地区，被誉为"欧洲大陆烹饪之始祖"。

一、意大利菜的特点

1. 菜肴注重原汁原味，讲究火候的运用

意大利菜肴最为注重原料的本质、本色，成品力求保持原汁原味。在烹煮过程中非常喜欢用蒜、葱、番茄酱、干酪，讲究制作沙司。烹调方法以炒、煎、烤、红烩、红焖等居多。通常将主要材料或裹或腌，或煎或烤，再与配料一起烹煮，从而使菜肴的口味异常出色，缔造出层次分明的多重口感。意大利菜肴对火候极为讲究，很多菜肴要求烹制成六七成熟，而有的则要求鲜嫩带血，例如罗马式炸鸡、安格斯嫩牛扒。米饭、面条和通心粉则要求有一定硬度。

2. 巧妙利用食材的自然风味，烹制美馔

烹制意大利菜，总是少不了橄榄油、黑橄榄、干白酪、香料、番茄与Marsala酒。这六种食材是意大利菜肴调理上的灵魂，也代表了意大利当地所盛产与充分利用的食用原料，因此意大利菜肴能无出其右地被称为"地道与传统"。最常用的蔬菜有番茄、白菜、胡萝卜、龙须菜、莴苣、土豆等。配菜广泛使用大米，配以肉、牡蛎、乌贼、田鸡、蘑菇等。意大利人对肉类的制作及加工非常讲究，如风干牛肉（Drybeef）、风干火腿（Parmaham）、意大利腊肠、波伦亚香肠、腊腿等，这些冷肉制品非常适合于作开胃菜和下酒佐食，享誉全世界。

3. 以米面做菜，花样繁多，口味丰富

意大利人善做面、饭类制品，几乎每餐必做，而且品种多样，风味各异。著名的有意大利面、比萨饼等。具有不同形状和颜色的意大利面，斜状的是为了让酱汁进入面管中，而有条纹状的粉能令酱汁留在面条表层，颜色

则代表面条添加了不同的营养素。红色面是在制面的过程中，混入了红甜椒或甜椒根，黄色面混入了番红花蕊或南瓜，绿色面混入了菠菜，黑色面堪称最具视觉冲击力，用的是墨鱼的墨汁，所有颜色皆来自自然食材，而不是色素。面条口味则以三种基本酱汁为主导，分别是以番茄为底的酱汁，以鲜奶油为底的酱汁和以橄榄油为底的酱汁。这些酱汁还能搭配上海鲜、牛肉、蔬菜，或者单纯配上香料，变化成各种不同的口味。

4. 区域差异，造就地方美食

由于南北气候风土差异，意大利菜有四大菜系。北意菜系：面食的主要材料是面粉和鸡蛋，尤以宽面条和千层面最著名。此外，北部盛产中长稻米，适合烹调意式多梭饭和米兰式利梭多饭。喜欢采用牛油烹调食物。中意菜系：以多斯尼加和拉齐奥两个地方为代表，特产多斯尼加牛肉、朝鲜蓟和柏高连奴芝士。南意菜系：特产包括榛子、莫撒里拿芝士、佛手柑油和宝侧尼菌。面食主要材料是硬麦粉、盐和水，其中包括通心粉、意大利粉和车轮粉等，更喜欢用橄榄油烹调食物，善于利用香草、香料和海鲜入菜。小岛菜系：以西西里岛为代表，深受阿拉伯影响，食风有别于意大利的其他地区，仍然以海鲜、蔬菜和各类面食为主，特产盐渍干鱼子和血柑橘。

二、经典菜式

米兰特产的小牛肉，以芹菜、洋葱、月桂叶等辛香料加白酒煮至软，放凉后切薄片，淋上以鱿鱼、鱼泥（皆为意国代表鱼种），打成的蛋黄酱。

意大利经典菜式还包括鲜肉盘、意大利比萨（图6-2）、提拉米苏、火腿芝士牛排等。

图6-2 意大利比萨

知识拓展

意大利面有好几百多种，最正宗的就是圆圆细长的这种。北部配肉酱汁，以番茄拌炒绞肉（正宗的用鹅肝及培根）而成，中部配奶油蛋汁酱，以芝士与培根腌肉炒拌，再加蛋黄，古味则松子酱，以松子、罗勒、大蒜、橄榄油及盐胡椒搅碎而成。

意大利菜还有哪些经典菜式?

模块项目

项目 3
美国菜的特点和经典菜式

美国是典型的移民国家，但由于其中大部分居民都是英国人，且到了17世纪和18世纪后期，美国受英国统治，所以英式文化在这里占统治地位。现在，大部分的美国人是英国移民的后裔，美国菜也主要是在英国菜的基础上发展而来的，另外又糅合了印第安人及法、意、德等国家的烹饪精华，兼收并蓄，形成了自己的独特风格。

一、美国菜的特点

1. 水果入菜普遍

美国盛产水果，美式菜的沙拉中水果用得很多，例如用香蕉、苹果、梨、橘子等做沙拉最为普遍。另外，在热菜中也常使用水果，如菠萝焗火腿、苹果烤火鸡、炸香蕉等。

2. 口味清淡、生鲜

由英式菜派生出来的美国菜发展至今，在口味及用料上已经发生了不少变化。传统的咸鲜甜口味已趋向清淡、生鲜。在用料上，黄油改用植物黄油或生菜油，奶油改用假奶油（即完全脱脂奶油），奶酪改用液态奶，生菜沙拉不用蛋黄酱，做水果不用罐头水果而用新鲜水果，浓汤改清汤；肉类则多用低脂及低胆固醇的水牛肉与鸵鸟肉等。另外，在美国素食和生食比较盛行。

3. 煮、蒸、烤、铁扒为主

在烹调方面，美国菜所采用的方法主要有煮、蒸、烤、铁扒等。典型的美国菜有苹果黄瓜沙拉、美式螃蟹杯、美式煮鱼、姜汁橘酱鱼片等。

美式的食物做法都很简单，而且口味也不错，唯一的缺点就是通常热量很高。

二、经典菜式

美国菜的经典菜式包括华道夫沙拉、原汁烤火鸡（图6-3）、马里兰炸鸡排、加州汉堡包、橘子烧野鸭等。

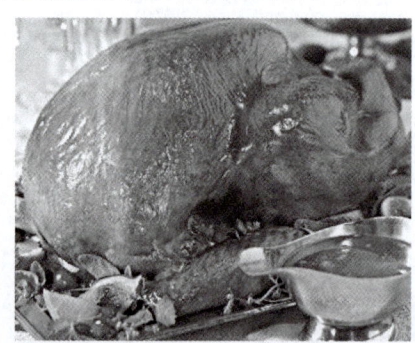

图6-3 烤火鸡

知识拓展

美国人爱牛扒是源自英国。因为移民文化，吸纳了西班牙热爱水果的习俗，以水果入馔，做成苹果、芒果的酱汁，肉质因此更加香甜而不破坏原味。在欧洲餐厅你会听到 waiter 问"您要几成熟？"在美国餐厅你永远只会听到"你想要多生"。因为美国人喜欢大牛扒，但烹制至熟需花费很长时间，美国人最讨厌浪费时间，因而他们的牛扒最熟是五成熟的。

复习思考题

美国菜是怎么形成的？

项目 4 英国菜的特点和经典菜式

公元1066年，法国的诺曼底公爵威廉继承了英国王位，带来了灿烂的法国和意大利的饮食文化，为传统的英国菜打下基础。但是受地理及自然条件所限，英国的农业不是很发达，粮食每年都要进口，而且英国人也不像法国人那样崇尚美食，因此英国菜相对来说比较简单，英国人也常自嘲自己不精于烹调，但英式早餐却比较丰富，英式下午茶也是格外地丰盛和精致。

一、英国菜的特点

1. 选料局限

英国菜选料比较简单，虽是岛国，海域广阔，可是受地理自然条件所限，渔场不太好，所以英国人不讲究吃海鲜，比较偏爱牛肉、羊肉、禽类等。

2. 口味清淡、原汁原味

简单而有效地使用优质原料，并尽可能保持其原有的质地和风味是英国菜的重要特色。英国菜的烹调对原料的取舍不多，一般用单一的原料制作，要求厨师不加配料，保持菜式的原汁原味。

英国菜有"家庭美肴"之称，英国烹饪法根植于家常菜肴，因此只有原料是家生、家养、家制时，菜肴才能达到满意的效果。

3. 烹调简单、富有特色

英国菜烹调相对来说比较简单，配菜也比较简单，香草与酒的使用较少，常用的烹调方法有煮、烩、烤、煎、蒸等。

常见的英式菜有土豆烩羊肉、牛尾汤、烤羊马鞍、烧鹅等。

二、经典菜式

英国菜的经典菜式包括鸡肉原汤、爱尔兰土豆泥、土豆烩羊肉、面包黄油布丁（图6-4）、伦敦鸡扒等。

图6-4　面包黄油布丁

知识拓展

走进英国的超市，在蔬菜柜台上人们能看到一种有点像心里美萝卜的蔬菜。它的叶子颜色较绿，根部呈紫红色，吃起来有股淡淡的甜味。这就是甜菜根。英国人认为，如果一餐中没有吃到用甜菜根烹制的食物，就不算是完整的一顿饭。

复习思考题

英国菜的特点有哪些？

模块项目

项目 5
俄国菜的特点和经典菜式

俄罗斯大部分地区常年寒冷，这样至少促成了俄罗斯美食的两个特点：肉多，油厚。俄罗斯美食也很有特色，相比精致的法餐，俄罗斯美食更加平民化。在西餐中，意大利最早形成自己的特色，其后是法国，而俄罗斯美食正式形成自己独特的菜系已经是18世纪了，于是在俄罗斯美食中，经常可以发现意大利餐和法餐的影子。

一、俄国菜的特点

1. 油腻

由于俄罗斯气候寒冷，人们需要补充较多的热量，俄式菜一般用油比较多，多数汤菜上都有浮油。

2. 口味浓厚

俄式菜口味浓厚，而且酸、甜、咸、辣俱全，喜欢吃大蒜、葱头。

3. 讲究小吃

俄式小吃是指各种冷菜，其特点是生鲜、味酸咸，如鱼子酱、酸黄瓜、冷酸鱼等。

二、经典菜式

俄国菜的经典菜式包括罗宋汤（图6-5）、俄式炒牛肉、黄油鸡圈、煎牛肉条、酸奶鲜菇汁、俄式鱼子酱等。

图6-5　罗宋汤

模块六
不同国家和地区的菜式特点及菜例

知识拓展

俄式大菜的第一道是头盘，味道以咸、酸为主，目的是开胃。头盘有冷热之分，包括鱼子酱、鹅肝酱、沙拉等许多品种。俄罗斯沙拉是很常见的头盘，它是全素的蔬菜沙拉，外观朴实无华，口味清新自然，饭前食用，开胃效果极佳！

复习思考题

查资料找其他俄式经典菜式。

项目 6 德国菜的特点和经典菜式

德国人对饮食的要求不高，菜肴风格朴实无华、丰盛实惠。肉食消耗量大，尤其喜欢吃猪肉、水果、奶酪、香肠、酸菜、土豆等，口味咸中带酸，喜欢酸性食物，量大开胃，追求实惠营养。

一、德国菜的特点

1. 肉制品丰富

德国的肉制品种类繁多，德国菜中有不少是用肉制品制作的菜肴，仅香肠一类就有上百种，著名的法兰克福肠早已驰名世界。

2. 喜欢食用生鞍

一些德国人有吃生牛肉的习惯，著名的鞑靼牛扒就是将嫩牛肉剁碎，拌以生葱头末、酸黄瓜末和生蛋黄食用。

3. 口味以酸咸为主

德式菜中的酸菜使用非常普遍，经常用来做配菜，口味酸咸，浓而不腻。

4. 用啤酒制作菜肴

德国盛产啤酒，啤酒的消费量也居世界之首，所以德国人的一些菜肴也常用啤酒来调味。

二、经典菜式

德国典型的菜式有柏林酸菜煮猪肉、酸菜焖法兰克福肠、汉堡肉扒、鞑靼牛扒等。

德国的香肠和啤酒世界知名，并首先发明自助快餐。德国人喜喝啤酒，每年的慕尼黑啤酒节大约要消耗掉100万升啤酒。

复习思考题

德国菜式(图6-6)的特点有哪些?

图6-6 德国菜式

项目 7
东南亚菜的特点和经典菜式

一、印度菜

印度菜概括而言就是一种"简单食材+主要调料+烹饪方式"的组合。而印度菜神奇之处就在于它多种多样的调料。印度人早已在日复一日的烹饪中熟练使用各种繁杂的调料,也正是由此造就了印度菜神秘而丰富的味道。

(一)印度菜的特点

1. 食材单一

印度人在食材的选择上比较单一,通常只是鸡肉、羊肉、海鲜和各类蔬菜、主食麦面饼和大米。

印度还有很多人是素食主义者,为了补充蛋白质,豆类就成了他们每餐必吃的东西,并永远作为他们的一道主菜呈现给宾客。

印度人的主食是麦面饼和大米,每餐都是先吃饼,然后再吃米饭。印度的米饭用名为印度香米(Basmati)的米做成,是一种世界闻名的米。这种米形状细长,味道浓香,是由印度的气候决定的——半年干燥,半年湿润。

2. 味道浓

印度菜的咖喱味很浓,洋葱占有绝对主导的地位。印度咖喱是用它熬成的,菜是用它炒烩出的,肉类是用它浸泡的。

据说,印度菜所放调料之多,恐怕是世界之最,每道菜都不下10种。

印度菜讲究烧烤,并使用被称为筒状泥炉(Tandoor)的大烤炉,而且要烤成焦黄才罢休。你如果在印度的餐厅吃饭,看到这样的菜品,千万不要以为是菜做坏了而大惊小怪。

3. 吃法中西合璧,但有自己特点

虽然目前在许多正式的场合,印度人用刀叉吃饭,但私下里,他们还是习惯于用手抓饭。因为他们觉得,吃饭中很多快感来自触觉,如果你在印度人家里做客,一定要尝试用手抓饭的乐趣。也正因为这一习惯,使得印度菜大部分为糊状,这样便于用手抓饼或米饭拌着吃。而且,印度菜的吃法也很特别,是中西合璧的,即用刀叉,却是大家一起点菜一起吃。

(二)经典菜式

印度菜的经典菜式包括泊兰馕、什锦咖喱鲜蔬、菠菜奶豆腐、孜然青豆米饭、马萨拉咖喱鸡等。

二、泰国菜

泰国菜有四大菜系，分别为泰北菜、泰东北菜、泰中菜与泰南菜，反映泰国四方不同的地理和文化，而各地使用的食材往往跟邻近国家一样。例如泰南菜，和马来西亚菜一样多用椰奶、鲜黄姜，而泰东北菜则与老挝菜一样善用青柠汁。此外，泰国现有的菜式，不少受到多年定居泰国的华侨影响，其中潮州菜的影响最为显著，例如粥、贵刁（粿条）和海南鸡饭等。

（一）泰国菜的特点

1. 用料讲究

泰国是一个临海的热带国家，绿色蔬菜、海鲜、水果极其丰富。因此泰国菜用料主要以海鲜、水果、蔬菜为主。泰国人的正餐都是以一大碗米饭为主食，佐以一道或两道咖喱料理、一条鱼、一份汤以及一份沙拉（生菜类），用餐顺序没有讲究，随个人喜好。餐后点心通常是时令水果或用面粉、鸡蛋、椰奶、棕榈糖做成的各式甜点。由于深具得天独厚的优势，泰国菜色彩鲜艳，红绿相间，眼观极佳，不管是新鲜蔬菜瓜果的艳丽清新，还是乌贼、鱿鱼等众海鲜的肉感，都让人们大饱了眼福。

2. 调料独特

泰国菜注重调味，常以辣椒、罗勒、蒜头、香菜、姜黄、胡椒、柠檬草、椰子与其他热带国家的植物及香料提味，辛香甘鲜，口味浓重，别具一格，以各种风味蘸料伴以泰国美食，更演化出多重滋味。带辣劲的凉拌沙拉、泰式酸辣汤、红或绿咖喱（大多混合了椰浆）、蔬菜、各款烤肉串（牛、猪与鸡，拌以米饭或面点），都是具有代表性的泰国美食。

（二）经典菜式

泰国中部名菜：冬阴功汤（泰国著名的酸辣汤）、椰奶汤、泰式红咖喱、罗勒炒鸡等。

泰国北部名吃有：咖喱汤河、泰式黄咖喱、鱼咖喱。

三、马来西亚菜

马来西亚菜是在赴马来西亚的印度、中国和中东人不断影响下发展起来的，主要原料尤其是香辛料，如辣椒、柠檬草、姜、咖喱叶和孜然等最初都是由印度人和阿拉伯人引入马来西亚的，烹饪方法以蒸、煮和炒为主。但是，这并不等于马来西亚菜就全是浓味菜，马来西亚北部菜系和泰国菜味道比较接近，以酸辣为主，多用泰国名为罗望子（assam）的香料。南部菜系类似新加坡口味，偏甜偏重。而沙巴主打的，则是清淡浓味兼有的马来西亚华人餐，同时糅合进椰香味重的娘惹菜的特色。常用的马来西亚菜酱汁大致有以下5种。

亚参酱：以酸子皮、南姜、香茅、马来西亚辣椒等15种香料配成，马来西亚人喜欢吃辣的食物。但他们的辣和四川辣可不一样。川辣更多的是花椒味道的麻辣，而马来西亚的辣是辣椒中的香辣。不过这种辣度和泰国相比还是温和的。亚参多用来做肉类菜式。

娘惹酱：用姜花、柠檬等20种香料配成，多用来做海鲜菜。

参巴酱：用虾米、姜花等调配成，香口带鲜，多用来做贝壳类和鱼类菜式。

马拉盏：虾米用铁锅收小火炒足2小时，炒至溢出香味再加入其他香料配成，多用于主食的调味。

薄荷酱：用薄荷叶、酸子皮水、姜花等配成，搭配海鲜、豆腐类菜式较多。

不可不提的还有马来西亚咖喱，它和泰国咖喱的最大不同是用椰浆来降低辛辣味而提升香味，味道较平和，当中还加入了多种香料，如罗望子、月桂叶和香芋等，令咖喱在辣中带点清润。

四、韩国菜

韩国有各种饮食，由于韩国过去处于农耕社会，因此从古代开始主食就以米为主。现在韩国饮食由各种蔬菜、肉类、鱼类共同组成。泡菜（发酵的辣白菜）、海鲜酱（盐渍海产品）、豆酱（发酵的黄豆）等各种发酵保存食品，以营养价值和特别的味道而闻名。韩国摆餐桌的特征是所有菜肴同时摆出。传统菜数为贫民三种，王族十二种等。摆餐桌根据面条或肉类而有所不同。与中国和日本相比，韩国饮食提供汤。在韩国饭匙使用更频繁。

（一）韩国菜的特点

1. 五色五味，注重营养（图6-7）

正宗韩国料理是少油、无味精、营养、品种丰富的健康料理，从科学的营养观来看，人体每天需要5种颜色以上的菜和水果。韩国菜有"五味五色"之称：甜、酸、苦、辣、咸；红、白、黑、绿、黄。兼具中国菜肉丰味美与日本料理鱼多汁鲜的饮食特点。一般分家常菜式和筵席菜式，各有风味。味辣色鲜，料多实在。

图6-7　韩国菜式

高丽参、鸡、新鲜牛肉、海产品、青菜、炖、蒸、烤……单是听到这些词汇已经觉得是很健康营养的原料和做法了。韩国料理一般选材天然，用不破坏营养成分的烹调方式，荤素搭配合理并且制作时追求少而精，以保证足够的营养，又不会让人暴饮暴食。

2. 视觉享受

不论是烤肉、泡菜（图6-8）还是糕点，五颜六色的视觉享受，是韩国料理的最大特点。一方面保

图6-8　韩国泡菜

持食品原有的新鲜色彩，一方面又通过料理展现出美食的不同形态，韩国料理不仅好吃，而且好看！

（二）经典菜式

韩国菜的经典菜式包括烤牛肉、冷面、石锅拌饭、泡菜、火焰特色烤肉等。

知识拓展

石锅拌饭类似中国的煲仔饭，都是要烧出香脆的锅巴为最佳，不过韩式的用料就健康得多了，青衣鱼柳、虾肉、杂菜丝、鸡蛋等没有粤式煲仔饭用料那么肥腻，与煮好的泰国香米饭同放入石锅里在火上烧十来分钟即可，上桌时再淋上豉油和依个人口味浇上特调的辣椒酱，其中的新鲜、美味、热辣自不消说，还有一股暖意和快感涌上心头。

五、日本菜

日本菜是当前世界上一个重要烹调流派，有其特有的烹调方式和格调，在不少国家和地区都有日餐菜馆和日菜烹调技术，其影响仅次于中餐和西餐。

日本菜极其讲究形与色，极工盛器，配合食物，造型美轮美奂，每一道菜都犹如中国的工笔画，细致入微，更有留白，让人不忍下箸。但却都是冷冷的，绝不以香气诱人，一如日本的艺伎，冷艳异常，更如大和民族，外表

就是一脸冷毅，总是拒人于千里之外，而且骨子里矜傲异常。饮食文化总是能反映一个民族的特点，日本料理当然也是如此。日本料理就如同温柔似水的日本女子，在品味美味的同时，让人们对日本的文化有一种爽朗却又朦胧的感觉。

日本菜的特点

日本料理特色：清淡不油腻，精致，营养，着重视觉、味觉与器皿的搭配，是为日本料理的特色。

日本料理烹调原则：

五味：甘、甜、酸、苦、辣；

五色：白、黑、黄、红、绿；

五法：生、煮、烤、蒸、炸。

日本料理三大类别如下。

1. 本膳料理——传统正式日本料理

本膳料理源自室町时代（约14世纪），是日本理法制度下的产物。现在正式的本膳料理已不多见，大约只出现在少数的正式场合，如婚丧、喜庆、成年仪式及祭典宴会上，菜色由五菜二汤到七菜三汤不等。

2. 怀石料理——高级料理

"怀石"的由来是礼师们在进行修行与断食中，强忍饥饿，而怀抱温热的石头取暖得名。怀石料理原本是搭配茶道，将茶的美味发挥出来的料理，现今已俨然成为高级料理的代名词。

3. 会席料理——宴会料理

会席料理不像本膳及怀石料理那么严谨，吃法较自由，除注重美味以外，以较轻松的方式享用宴会料理。

日本料理的烹调特色：

日本料理是被公认的烹调一丝不苟的国际美食。而一位好的料理师必须成为食用者与大自然之间的桥梁，在料理师用心细致的烹调下，让客人尝到最地道的天然美味。

日本料理烹调的特色着重自然的原味，不容置疑，"原味"是日本料理首要的精神，其烹调方式十分细腻精致，数小时慢火熬制的高汤调味与烹调手法，均以保留食物的原味为前提。

日本料理的美味秘诀，基本上是以糖醋、味精、酱油、柴鱼、昆布等为主要的调味料，除了品尝香味以外，味觉、触觉、视觉、嗅觉等也不被忽视。

除了以上烹调特色以外，吃也有学问，一定要"热的料理趁热吃""冰的料理趁冰吃"如此便能够在口感与料理食材上相互辉映，达到百分之百的绝妙口感。

模块七

星级酒店菜单设计

学习内容

项目1　菜单的类型与构成
项目2　菜单的设计及营养搭配
项目3　菜单及节日菜单设计实例

学习目的

通过本模块学习，使学生了解并掌握西式菜单的设计，灵活运用其设计理念配合菜肴制作方法。同时对经典菜式菜肴有所了解。能自主设计一份常用菜单或经典菜单，并能合理考虑就餐人员和就餐场所的风俗习惯，且遵循营养的原则。

项目 1
菜单的类型与构成

菜单是可供食用的各种菜点的名称表。对顾客而言，菜单是可供其用餐选择的菜点的名称表；对厨师而言，就是其所需要准备烹调的菜点表。实际上我们熟悉的菜单实质上就是饭店的一种被掩盖的管理工具。

几乎餐饮服务业的方方面面都与菜单密切相关，采购、生产、销售依赖于菜单，说菜单是本行业中唯一的重要文献也不为过。原材料的购买、加工、销售、成本核算、劳动力管理，以及厨房的布局、设备的选购等，都要以菜单为基础。

由此可见，对菜单的编制一定要严谨细致，要考虑方方面面诸多因素。本章将从食物制作的角度讲述各方面因素对菜单编制的影响及作用，还要讲述菜单的编制方法以便能为顾客提供最佳用餐选择，从而提高销售量。

（一）菜单形式与功能

菜单（menu）一词来源于拉丁语，原意为"指示的备忘录"，本是厨师为了备忘的记录单子。在现代西餐中菜单就是餐厅销售的菜肴的目录，是餐厅和消费者之间沟通的桥梁，是沟通经营者与消费者的渠道和工具。客人在西餐餐厅落座后，第一需求就是点菜，仔细阅读餐厅的菜单选购自己喜欢的菜肴和饮品，经营者根据菜单向客人推荐和销售菜肴。经营者和消费者通过菜单开始交流，所以说，菜单是沟通双方的渠道。我们可以用一句话概括：菜单是餐厅经营的第一要素，是餐饮企业开展经营活动的第一步，菜单是餐厅提供的商品目录和介绍书，它是餐厅的消费指南，也是餐厅最重要的名片。菜单的主要作用是向顾客介绍餐厅的经营风格、菜品特色、消费水平，提供消费指南，最终达到宣传餐厅、营销、经营餐厅的作用。

菜单的设计必须适合就餐人的口味和需要，这一点看似简单，但却常常被遗忘，在此提醒大家真正把顾客当作上帝，时时想到顾客，此乃生意之本。

这一点意味着设计菜单时，厨师的个人口味、个人爱好是无关紧要的。因此要使生意成功，其首要的着眼点就是顾客的口味与喜好，顾客的类型决定了菜单的格式。

1. 就餐场所的类型

各个不同的餐饮企业会有不同形式的菜单，这是因为他们所服务的对象不同。

饭店必须提供形式不同的餐饮服务，以满足不同顾客的需要，从经济节俭的旅游者到拿支票消费的生意人，从便捷的早餐三文治柜台到优雅的餐厅、宴会厅等。

医院餐厅必须提供适合病人饮食要求的餐饮服务。

学校餐厅则必须考虑学生的年龄、营养因素，同时还要适合他们的口味。

厂矿企业内的餐饮服务部门提供的菜单菜量必须便于快速烹调，以适应工人们的需要。

娱乐宴会服务的部门提供的菜单要适于一次性消费人数多的需要，易于大量制作，而且品种丰富适合酒宴、节目等特殊场合消费。

快餐和外卖要求食物便宜，而且能够快速地完成顾客的点菜。

多种类的餐馆包括小到居民区附近的小吃店大到豪华优雅的法式餐厅。其菜单设计当然还是遵循适合顾客需要这一原则，若在顾客以上班族为主的酒吧内提供价格昂贵奢华的法式大餐一类的菜单，显然是不合时宜的，其结果只能是歇业倒闭。

2. 顾客偏好

即使是像学校食堂、医院餐厅这类顾客稳定的餐饮服务部门，也要注意保持食物品种的多样以吸引顾客，以免使就餐者产生厌倦情绪。学生们最喜欢对食物挑三拣四，抱怨多多，但我们仍然有办法使这种抱怨降到最低限度。

若顾客不喜欢的话，他们不只是抱怨一下，而是不再光顾，这就意味着销售量的下降，那么餐厅或餐馆则就将举步维艰。而像中国这样的地方更是众口难调。虽然如今人们都喜欢尝试那些不太熟悉的菜肴，尤其是地方特色、传统菜，但各地的喜好却大不相同，不同年龄段、不同社会文化背景的人的喜好各不相同，在某些地区某些人群喜好的菜肴，很可能在另一地区被另外一些人拒之门外。

在设计菜单时还需考虑到价格因素，其价格必须适合顾客的经济能力和承受能力。

3. 就餐类别

不仅不同餐饮部门的菜单不同，而且，同一部门不同类型的餐别，菜单也会不同。

（1）早餐　一般来说，美国各地的早餐菜单都是一样的。各式餐馆都会提供水果、果汁、麦片、薄烤饼、早餐肉，再加上一些地方特色的餐点，如南方的粗面粉，因为这样更能体现出地方性和特色，也适合顾客的品位和需求。另外加上一两样餐馆的特色餐点，如英式松饼配奶油蟹肉和煮鸡蛋，一种特殊的乡村火腿、薄烤饼和华夫配水果沙司或糖浆等，还可以吸引更多的顾客。早餐菜单上的菜点必须有快捷、方便、易做的特点。

（2）午餐

设计午餐菜单时需要结合以下因素：

① 速度快：同早餐一样，吃午餐的人也常常是匆匆忙忙地赶时间，通常为上班族，午餐时间有限，因此菜单也要快捷、易做、易吃，三文治和沙拉是主要的午餐餐点。

② 简单：菜单上可选择的品种少，多数情况下，顾客只选一道菜。两三样菜点合二为一，价格统一的特色午餐，最适合简便的要求，如一份汤、一份三文治或蛋卷和沙拉。

③ 种类多变：尽管午餐菜单要求时间短，但种类多样却不容忽视。因为一般来讲顾客要多次，甚至天天到餐馆吃午饭，为了保持对顾客的吸引力，许多餐馆每天午餐菜单上会列出好多个不同的特殊午餐，这样餐馆每天都会有新菜点。

（3）晚餐　晚餐一般是一天的正餐，多数人比较从容悠闲，不像早、午餐那么着急，人们主要是为了放松一下，吃上一顿比较丰盛的晚餐。晚餐菜单要为人们提供更多的可选择品种，当然价钱也要比午餐高一些。

（二）菜单种类

菜单有以下几种分类方法。

1. 固定菜单和循环菜单

（1）固定菜单　每天都提供相同菜点的菜单。这种菜单主要用于每日就餐人员流动性强的餐馆或餐厅，或者是菜单上所列菜点的品种比较多。

（2）循环菜单　指在一段时间内，每天更换并在此之后按同样顺序每日更换的菜单，如一个以7天为周期的循环菜单，在一周之内每天更换一个菜单，之后如此反复更替。这样的菜单多用于学校、医院等单位，循环菜单可供选择的菜点不是很多，另外循环菜单也是保持品种多样的一种方法。

有些餐馆使用半循环、半固定菜单，即每日提供一些相同的菜点，再加上每天提供一两样特色菜肴，周期性循环，这样既能保持品种不单一，又不会给厨师们增加过多的负担。

2. 点菜和套菜菜单

（1）自点菜单　指每种菜点菜价都单列的菜单。顾客从各道菜中自己选择。（注：点菜一词用来指即点、即做，与大批量提前制作菜点相对应。）

（2）套菜菜单　原指固定菜点，比如您被邀请去别人家做客，吃的菜点毫无选择余地。像宴会菜单就是常见的套菜菜单。

（3）现用套菜菜单　指按一定价格出售的可供一餐消费的菜点，换言之，顾客可从一些供选择的菜品中选出一套餐点，包括主菜、配菜外加其他菜点如开胃品、沙拉、甜点。每套菜只制定一个统一的价格。

许多餐馆同时使用点菜菜单和套菜菜单。如牛排屋可能会提供沙拉、土豆、蔬菜和饮料作为主菜选择，而开胃菜和饭后甜点则需另外加钱购买。

固定价格菜单与套菜菜单密切相关。在纯正固定价格菜单上只有一个标价。顾客可从每道菜点中选出一部分，无论选择什么，这一餐的价格都相同即所标示的价格。通常在这类菜单上也会列出几样原料昂贵的菜点，并对此另行收费，这些菜点作为补充列在菜单后边。在固定价格菜单上最好尽量少列补充的菜品，否则过多的额外收费会激怒顾客，反而弄巧成拙。

项目 2 菜单的设计及营养搭配

一道菜是指在同一时间上桌，或准备在同一时间食用的一种或一组食物。餐馆中，一般各道菜都间隔一段时间按顺序上桌，这样顾客就有足够的时间用完每道菜。在自助餐厅中，顾客一般同时把各道菜选完，然后再按顺序慢慢享用。

在以下部分中，我们将讨论设计菜品和制作菜单中应遵循的原则，这些原则的目的就是保持菜单中菜点品种多样，增添顾客对菜点的兴趣。它们可不是毫无根据、随意捏造出来的，而是有着源远的历史根源。

一、菜单的设计总则

（1）西餐菜单设计的原则必须以市场为导向，根据餐饮企业自身素质，以满足消费者为前提，以经营营利为目的。

（2）由于菜单是餐厅经营的第一要素，是餐饮企业开展经营活动的第一步，是餐厅营销的主要工具，是沟通餐饮企业与消费者的渠道和工具，因此菜单的设计是一项科学、系统、综合性很强的技术工作，它要求在设计时必须由行政总厨、厨师长、餐饮部经理、营销部经理共同参与设计，最终报餐饮企业总经理批准。

二、菜单设计的基本原则

（1）菜单设计必须与市场适应。
（2）菜单设计必须反映餐厅特色。
（3）菜单设计要为企业带来效益。
（4）菜单设计要遵循结构原则。

三、菜单设计的步骤

（1）按照餐饮企业既定的经营方针进行设计。
（2）掌握市场的原料价格，计算成本。
（3）根据市场需求，制定菜单。
（4）根据顾客需要，及时调整菜单。
（5）菜单风格与菜肴一致。

四、菜单设计的内容

（1）菜单的封面由餐厅的名字（中英文）、订餐电话号码、营业时间、邮编、地址等组成，有的还有特色菜肴的照片或是主厨的照片。

（2）菜单的里面三页是菜肴的中英文名称和单价，有的还包括了主要特色菜肴的照片和菜肴说明等内容。最后是服务费用说明。

（3）菜单的背面一般是餐厅的酒水和咖啡单。

五、西餐菜单的结构

- APPETIZER ―――――――――――――――― 头盘
- SALAD ―――――――――――――――――― 沙拉
- SOUP ――――――――――――――――――― 汤
- MAIN COURSE ――――――――――――――― 主菜
- SANDWICH & HAMBERGER ――――――――― 三文治、汉堡
- NOODLES & PIZZA ――――――――――――― 面条、比萨
- DESSERT ―――――――――――――――――― 甜品
- DRINK & WINE ―――――――――――――― 酒水
- COFFEE & TEA ――――――――――――――― 咖啡、茶

（一）传统菜单的设计

今天我们所使用的菜单源自19世纪和20世纪初期所使用的豪华精美的宴会菜单。这些菜单一般有12道菜或更多，各道菜有不同的顺序和上法，这些顺序和上法都是历代相传，承接下来的。

下面就是一个典型的宴会菜单的例子，按上菜先后顺序排列如下：

（1）冷的开胃品　少量冷的开胃品。

（2）汤　清汤或肉汤。

（3）热的开胃品　少量热的开胃品。

（4）鱼　各类海味菜肴。

（5）主菜　一大块烤肉或焖肉，通常为牛肉、羊肉或鹿肉，加上蔬菜来装饰，很是精美华丽。

（6）热的主菜　每人一份炙烧的、文火炖的、煎的肉类或禽类菜。

（7）冷的主菜　畜肉、禽肉、鱼等。

（8）加果汁的冰水　冰水或加果汁的冰水，有时是葡萄酒做的，这道菜的目的仍是开胃，以进食下道菜。

（9）烤肉　通常为烤禽肉，之后紧跟沙拉。

（10）蔬菜　通常为一道特殊的蔬菜类菜肴，如朝鲜蓟、芦笋。

（11）甜点　即我们现在的饭后甜点和蛋糕、派、布丁等。

（12）饭后甜点　水果、奶酪、小饼干等。

（二）现代菜单的品种顺序

今天，长的传统菜单已十分罕见，即使大型宴会上使用的菜单也较短，但仔细研究后，您会发现现代菜单的基本形式与传统菜单一脉相承。

主菜是现代餐的中心，若一餐只有一个菜，那么这个菜就是主菜，不管是沙拉也好，一碗汤也好。通常现代餐中只有一道主菜，有时大的宴会会有两道主菜，如上一道禽肉类菜品后，再上一道畜肉类菜品。

主菜前可上一两个菜，通常比较清爽，以使顾客留些肚子进食主菜。

接下来，我们将讨论如何选择确定每道菜中的菜点，以使菜单达到搭配平衡并在注中对某些地方做出了解释，以解除疑问和不解。

现代菜单

第1道菜	开胃品
	汤
	（鱼）
	沙拉
主菜	肉类、禽类或鱼，外加蔬菜（配菜）
甜点	沙拉
	水果和奶酪
	甜点

注：

• 通常上主菜前先上开胃品、汤和沙拉，可按此顺序上1种、2种或3种，则一餐可用如下几种形式。

开胃品	主菜
汤	主菜
沙拉	主菜

开胃品	汤	主菜
汤	沙拉	主菜
开胃品	沙拉	主菜

开胃品	汤	沙拉	主菜

• 比较正式的餐中，有时在开胃品和汤之后，还会上鱼，量较小，那么主菜就不要再上鱼了。

• 沙拉可在主菜前上，也可在主菜后上，但不能同时在前面上过，在后面又上。比较传统的用餐场合，沙拉一般在主菜之后上，主要起开胃作用，以便用下道菜如奶酪，甜品等。在主菜前上沙拉是最近才实行的。

• 有时在第一道菜中会有一两个菜作为主菜放在一个盘中同时端上。这种情况尤其在午餐中更为常见，主要为快速起见，所以您会见到汤和三文治或沙拉和蛋卷的组合等。

• 若奶酪和甜点都做饭后点心，那么上的顺序是任意的，如英式菜单中甜品先上，奶酪后上，而法式菜单中一般甜点最后上。

（三）品种的搭配平衡

所谓菜单的搭配平衡就是指提供的菜点品种多样，相互对照映衬，以便每道菜都能吸引顾客的注意力。要做到这一点，您必须要懂得哪些食物能够相互补充，形成对照，并要尽量避免色、香、味、形的重复。

这些原则既适用于制定毫无选择余地的宴会菜单，也适用于选择性较少的学校食堂菜单，还适用于选择性极大的点菜菜单。

当然，使用点菜菜单，顾客可以自己决定其菜品是否平衡。既在开胃品中列入奶油类菜点，又在主菜中列入奶油类菜点，这种做法本身并没有什么不对之处，问题是您的菜单必须为顾客提供足够的品种供其选择，若开胃品和主菜中有半数以上的菜点带奶油沙司，就说明，您的菜单中的品种不够多样化。

制定搭配平衡的菜单时，需考虑下列因素。

1. 口味

各种口味的菜点要搭配开，不要放在一起，这一条适用于任何带味的食物，不管是主原料，还是调味料或是沙司。

（1）若开胃品中有番茄沙司，在主菜中就不上炙烧番茄块。

（2）不要既上蒜味的开胃品，又上蒜味的主菜，另外也不要两样都是清淡无味。

（3）要将肉（牛肉、羊肉、猪肉、小牛肉）、禽、鱼搭配开来，牛排屋或海味餐馆等专门餐馆除外。

（4）酸的或果馅常与油腻的食物一同食用，这样有助于减少油腻，所以苹果酱和猪肉、薄荷沙司和羊肉、橙汁沙司和鸭肉常一起搭配。

2. 质地

质地主要指食物的软硬程度、口感，还要考虑是否与沙司一起上等方面，不要将质地相似或相同的食物搭配在一起。

（1）在主菜中有奶油沙司，汤菜要上清汤；主菜为炒或烤菜时，上浓汤比较好。

（2）不要上太多的过碎或过熟的食物，但婴幼儿食品除外。

（3）不上太多淀粉含量多的菜点。

3. 形状

菜点的形状、颜色要多姿多彩、富于变化。用色彩鲜艳的蔬菜来装饰色彩单调的禽类菜点，可使整道菜充满生机，更具吸引力。

由于食物搭配种类繁多，无法将其中的规则一一列出，而且具有创新精神的厨师们经常会根据多年的实践，来创造出各种新式搭配，当然这需要懂得哪些食物搭配在一起才更合理。就目前而言，我们还应将注意力集中到所讲的这些原则上。

（四）厨房出品量及食物可供性

客观条件的限制也会影响到菜单的设计，由于设备条件、人力条件以及可供使用的食物等条件的限制，制作某些菜点可能会很不方便，很困难，甚至根本办不到。

1. 设备条件的限制

设计菜单先要了解可供使用的厨房设备的情况，因地制宜。假设烤箱能够每个小时做200个牛排，要准备一个人供400人就餐的宴会，菜单上主菜为烤牛排，开胃品为烤虾，那么您的麻烦可就大了。

另外，还要注意保持各种设备为烤箱1个、烤炉1个、炸炉1个，要将烤菜点和炖菜点，炙烧菜点和炸菜点搭配均衡开来。不要出现一边烤炉处于闲置不用状态，而另一边的炸炉却忙得不可开交。

再有就是注意使用各种不同的烹调方法，增加菜单上口感和质地的多样性。

2. 人力限制

首先要保证每个人的工作量力求均衡。同上述谈到的设备问题一样，不要一边是炸菜厨师忙得焦头烂额，另一边的烤菜厨师却无所事事。

其次要保证全天工作量的均衡。将菜点的准备工作与提前做好的菜点搭配开来进行，以免到最后时刻才做，弄得手忙脚乱。

要保证菜单上的菜点都是厨师们力所能及的，不要出现厨师无法做的菜点。

3. 食物的可供性

第一，使用时令食物。非时令食物价格昂贵，质地低下，供应情况不稳定。例如，若无法买到品质优良的芦笋，菜单上就不要有芦笋的菜点。

第二，使用本地能购买到的食物。如新鲜的海产品在内陆地区很难买到，除非顾客愿意支付额外费用，否则不要将其写在菜单上。

（五）原料的充分利用

显然要让您扔掉钞票，您是受不了的。同样，在餐饮业中，随便将食物扔掉也是无法忍受的。因此在设计菜单时，必须想到充分利用食物的问题。这个问题处理得好坏，也会关系到一家餐饮企业能否生存。

1. 利用一切可以利用的下脚料

在对新鲜的肉、禽、鱼、蔬菜进行加工时，除主料外还会有一些下脚料。处理下脚料有两种方法，或是扔掉计入损失，或是利用起来赚钱。

在制作食谱时，要充分利用这些下脚料并写入菜单。如：

（1）用小块的肉做汤、肉丸。

（2）用稍大块的肉做汤、焖菜。

（3）用骨头做高汤和汤。

（4）用蔬菜下脚料做汤、馅。

（5）用当天剩下的面包做馅、面包屑、法式吐司、面包丁。

2. 若所做菜点不能用作下脚料，就不要将其写在菜单上

从相反的角度，这同前项是相同的。换句话说，如果不能通过提供土豆泥或炸丸子的方式来处理炸土豆的下脚料，就不要把炸土豆列入菜单。

3. 制作食物时要有计划性，避免有剩余

充分利用剩余食物最好的办法是不要制造剩余。将食物进行二次处理，不但浪费时间，又浪费金钱，且往往无法保证质量。缩短菜单，即提供少的品种选择就会大大降低剩余食物的产生。

4. 利用剩菜要计划在先

对生产制作进行周详的计划会将剩余量降到最低点，但仍有些剩余食物是不可避免的，这就需要对它们加以利用，而不是扔掉。

当列入菜单的菜点会出现剩余物质时，要制定出可利用这些剩余物质的食谱，并将其写在菜单上，这样，当出现剩余时，就不会束手无策了。

如若第一天的晚餐菜单上有烤鸡这道菜，那么在第二天的午餐上特别推荐的菜单上就要列出鸡肉沙拉之类的菜。

一定要按卫生程序规定处理剩余食物。

5. 去掉"用量最少"的易坏原料

"用量最少"原料是指菜单上只有一两道菜点能使用上的原料，如菜单上有鸡胸配蘑菇，但除此之外，再无其他菜点中用到蘑菇，若这类原料恰好属易坏物质，其结果就会导致剩余原料的损坏或浪费率的增高。

以下3种方法可避免此类损失：

（1）改变食谱，去掉其中用量最少的原料。

（2）去掉菜单上的此类菜点。

（3）在菜单上加上可使用这类原料的其他菜点。

用时要避免另一种现象的发生，以免菜单搭配不均衡，即不要将一种原料用在过多的菜点上。

（六）菜单的准确性

在确定了菜单上的各类菜点后，要将其准确命名。菜点名称模棱两可不

仅仅是不诚实、对顾客不公平等道德问题（若是在美国实行"诚实菜单"法的地方还属违法行为，会受到起诉），若顾客感到上当受骗，就不会再来光顾。

把用火鸡做的沙拉叫做鸡肉沙拉，或把用猪肉做的菜叫做小牛肉菜，犯如此明显的命名错误，绝非偶然现象。当然像这样明知故犯的欺骗行为并不多见，通常是由于理解错误等原因而造成命名不准确。下面是菜点命名中常见的不准确之处。

（1）原料的产地 若菜单上菜名为缅甸龙虾，那么龙虾必须产于缅甸。羊乳奶酪沙拉汁中的奶酪必须产于法国的奶酪。爱德华土豆必须是产于爱德华的土豆，但有些众所周知的名称并不是指产地，而是指种类，如瑞典奶酪、法式炸薯条、瑞典肉丸。

（2）等级或质量 目前我国已逐渐完善相关法律文献来对食物的质量划分等级，我们根据食品卫生法和厨师自己的职业道德及酒店的诚实经营原则，采购并且使用质量较好的原料，来维护酒店的利益和客人的利益。

（3）烹调方法 菜单上标明的是"烧"或"烤"时，就应该按照注明的方式进行烹调。由于传单时失误，用"煎"来代替"烤"，会使顾客扫兴。

（4）新鲜 若在菜单上使用了"新鲜"一词，就意味着未经过冷冻、冷藏、晾干、烘干等处理。您何时听说过"新鲜的冻……"的说法。

（5）进口 标明为进口的产品，其必须来源于国外。

（6）自产/家产 自产或家产一词指的是在自家的房屋里制作的菜点。只在灌装的菜汤里加块新鲜胡萝卜算不上是家产、自产。

（7）大小及份额 若菜单上标明了一份量的大小，要保证足量提供给顾客（允许有一定的偏差）。1份10盎司的牛排下锅烹制前至少要9.5盎司重（偏差量可以为1/2盎司）。中虾不光是个儿大就可以了，而是有具体的尺寸要求。

另外还有其他一些错误：

菜单上写为某一品牌名称的饮料，实际给顾客的却是另一品牌的饮料。

菜单上为"黄油"实际给顾客的却是人造黄油。

菜单上是咖啡或奶油早餐麦片，实际上给顾客上的是牛奶。

菜单上是牛腿肉丁，实际给顾客上的是其他牛肉丁。

（七）营养及营养平衡

菜单的设计者必须具备基本的营养知识，因为人体需要不同种类的食物，才能保证正常的生理机能和健康情况。

从事餐饮服务的人员能否提供营养食品和制定出搭配均衡的菜单，在一定程度上取决于所在的工作单位。学校、医院一类的餐饮部门必须要格外注意食物的营养问题，通常有专职的营养师。

一般餐馆、饭店此问题的义务性不强，因为他们属商业部门，其主要任务是销售食物，只要顾客喜欢就可以。但设计菜单的人则必须两者兼顾，既要保持食物味道鲜美，具有吸引力，又要注意保持食物中的营养成分和均衡问题。当然点菜菜单则无法保证顾客点的菜能保持营养均衡。

尽管如此，餐厅却有义务给顾客提供足够的选择，即菜单的设计本身要合理，若顾客愿意的话，他们可从中选出营养均衡的菜。如今人们越来越注重身体健康状况，能够为顾客提供营养均衡的菜单，这一做法本身就是一种义务的促销手段。

（八）营养成分

营养成分指食物中所含有的供给人体营养的有效成分，具有以下一种或多种功能：

（1）为人体提供能量。

（2）构成或修补人体组织的细胞。

（3）调节人体生理机能。

营养成分共有6种，它们是：碳水化合物、脂肪、蛋白质、维生素、矿物质和水。

另外还有纤维，严格地说纤维不是一种营养成分，但它对人体健康非常重要。

卡是用来计量能量的一个单位，使1千克的水升高1℃所需的能量称为1卡。

营养成分的功能之一就是提供人体所需的能量。卡就是用来计算食物需提供多少能量才能完成这一功能的热量单位。由于现今的社会，许多人处于营养过剩状态，一提到卡就觉得不好，予以回避。其实，若是没有足够的能量，人就不能生存。

碳水化合物、蛋白质、脂肪都是人体能量的来源。

1克碳水化合物能提供4卡的热量。

1克蛋白质能提供4卡的热量。

1克脂肪能提供9卡的热量。

（九）营养成分的种类及其重要性

上述所列的各种营养成分各自性质不同，对人体产生的作用不同。下面是对一些术语的一般性介绍。

1. 碳水化合物

碳水化合物是人体能量的主要来源。淀粉为多糖碳水化合物，主要见于谷物、面包、豆类、蔬菜和水果中。葡萄糖、果糖、半乳糖多为单糖类碳水化合物，主要见于水果、牛奶中，而蔗糖、麦芽糖、乳糖为双糖类。

许多权威人士认为多糖碳水化合物比单糖碳水化合物优良，其原因之一在于淀粉含量多的食物中还含有其他多种营养成分；原因之二是在饮食中，糖的摄入太多会引起心脏病和血液循环系统的疾病。

纤维一词指不能为人体吸收的碳水化合物，因此它不能提供能量，但对促进肠道机能、清除体内垃圾起着极其重要的作用。资料证明饮食中摄入足够的纤维可阻止某些癌症发生。水果、蔬菜中都含有可消化的纤维。

2. 脂肪

脂肪是为人体提供能量的主要成分，脂肪分解出来的脂肪酸是调节人体某些机能的必要条件，脂肪是维生素A、维生素D、维生素E、维生素K和胡萝卜素的溶剂，有助于维生素的吸收和利用。

脂肪可分为饱和性脂肪、单不饱和性脂肪和多不饱和性脂肪3种。这些术语反映了这些脂肪不同的化学组成。一名厨师不需要知道脂肪的化学结构，但他必须了解营养特征和食物的营养含量。许多食物均包含此3种成分，而以其中一种成分占主要地位。

饱和脂肪酸在室温条件下即可凝固；而非饱和性脂肪，即油，在室温下为液体。健康专家认为与饱和脂肪相比，非饱和性脂肪对人体更有益，因为饱和脂肪会引起心脏病。

多不饱和脂肪和单不饱和脂肪在室温下呈液体状态。尽管任何脂肪过多均会对健康不利，但与饱和脂肪相比，非饱和脂肪是有益于人体健康的。多不饱和脂肪主要见于植物油类中——谷物油、红花油、向日葵油和棉花籽油。而不饱和脂肪多见于橄榄油和菜籽油。此两种不饱和性脂肪也多见于其他蔬菜类产品，其中包括所有的粮食、坚果和部分水果和蔬菜。

胆固醇是一种与心脏病密切相关的脂性物质，它汇集在动脉壁上，阻碍血液流入心脏及其他一些重要器官。它主要见于畜产品，尤其是蛋黄、黄油、内脏中的含量极高，如肝。此外，人体本身也会产生胆固醇，所以血液中的胆固醇不一定全部源于食物。专家建议在饮食中最好减少胆固醇的摄取量。

最近的调查显示：单不饱和脂肪可以降低人体中有害的胆固醇含量，这样我们就可以解释地中海地区心脏病的低发率了。因为在地中海地区，人们广泛食用橄榄油。这个调查使其他地区也开始食用橄榄油。但要记得任何一种油脂过量食用都是身体有害的，即使是"对您有好处"也不可以。

3. 蛋白质

蛋白质又被称为人体生长的基础。它们是人体的生长、人体组织的构成、人体的基本技能基础，如果饮食中的碳水化合物和脂肪含量不够的话，它们还可为人体提供能量。

蛋白质是由氨基酸组成的，人体能生成许多种氨基酸，但有8种氨基酸却不能生成，必须从食物中获得，这8种氨基酸都有的蛋白质称为完全蛋白质。肉、禽、鱼、蛋、乳制品中含有完全蛋白质。

8种氨基酸中缺少一种或多种的蛋白质称为非完全蛋白质。非完全蛋白质含量高的食物有果核、谷物、大豆和其他豆科植物。如多种食物一起进食，就会提供所有的氨基酸成分，称为蛋白质互补。例如，谷类食品玉米饼加上烧辣豆能提供完全蛋白质，因为谷类能补充豆类缺乏的氨基酸。豆类和米饭是蛋白质互补的又一例证。

4. 维生素

食物中维生素的含量极少，但却是调节人体机能不可缺少的物质。虽然维生素不能像蛋白质、脂肪、碳水化合物那样能为人体提供能量，但要使能量为人体所有，它们却是必不可少的。若缺少某些维生素还可以引起功能障碍性疾病。水溶性维生素（维生素B和维生素C）不能在人体内储存，必须每天食用，从食物中获得。含有这类维生素的食物处理时要小心，保证不使其溶于烹调食物的水中而损失掉。脂溶性维生素（维生素A、维生素D、维生素E、维生素K）可在人体内储存，不必天天食用，只要摄取够一段时期使用的量即可。

5. 矿物质

矿物质同维生素一样，食物中含量极少，但却是调节人体机能不可缺少的物质。饮食中所需的最重要的矿物质有钙、磷、铁、铜、镁、钠、钾、硫等。钠是食用盐的组成部分，摄入量过多就会出现一些健康问题，它会导致高血压。健康专家正试图劝解人们减少钠的摄入量，尤其是少吃咸的食物。

（十）膳食平衡

为了保持健康，我们必须保持饮食多样化，以保证摄入所有的营养成分。同时限制食物摄取量，以防过量摄取危害人体健康。虽然研究人员还在不断地研究食物营养问题，我们的知识也在不断更新，但就怎样才是健康合理的饮食这一问题，人们已达成了基本的共识。中国膳食指南建议人们要保持健康的饮食模式，必须遵循下列几条原则。这些原则只适用于那些身体健康的人，而不适用于身体有疾病或不正常的人。

1. 保持食用各种各样的食物

我们进食的种类越多，越能保证我们摄取到身体所需的各种营养成分，每天保证从下列各种食物中选取一定量进食，就能保证我们的饮食结构平衡。这些食物构成了食物的金字塔，每组食物的日摄取量已经标明。

牛奶、酸奶和奶酪（2～3份）；

肉、禽、鱼、大豆、蛋、果核（2～3份），蔬菜（3～5份），水果（2～4份）；

面包、麦片、米饭、面食（6～11份）。

2. 保持适当的体重

超重的人容易患一些慢性病，如高血压、心脏病、中风等。热量的摄入量超过人体所消耗的量就会使人体增重，最好的方法就是使热量的摄入量不要超过人体所能消耗的量。

要减轻体重，不能靠节食，而要循序渐进，慢慢减少热量摄入，要养成良好的饮食习惯，增强体育锻炼。既要保证摄取足够的营养成分，又要降低热量的摄入量，少食热量含量高而营养成分含量低的食品，如脂肪、油腻食物、蔗糖、糖果、酒。

3. 选择脂肪、饱和脂肪和胆固醇含量低的食品

摄取大量的脂肪，尤其是饱和脂肪和胆固醇会导致心脏病、高血压，当然还有其他一些因素也会导致这些疾病的发生，如遗传因素、吸烟等。但若能遵循这里提供的原则，则会减少这些疾病的发生，保持身体健康。

一般来讲，人体从脂肪中吸取的热量不能超过人体所需热量的30%，而美国人的一般标准饮食有40%的能量来源于脂肪。

4. 选择食用足够的蔬菜、水果、谷物类制品

若遵循上一条原则，减少脂肪的摄取量，就需要摄入大量的碳水化合物来补充能量。关于在饮食中多糖、单糖、双糖和纤维的有益之处和各自的优势在营养成分一部分中已讨论过。蔬菜、水果、谷物是淀粉、纤维、维生素和矿物质的来源。

5. 适量使用蔗糖

每个美国人每年平均消费100磅（1磅=0.453千克）的甜食，除食糖外，还有糖果、甜点、果酱、果冻、饮料、冰淇淋、早餐麦片、加味奶、番茄酱等。过多摄入糖分会导致蛀牙，增加体重，导致肥胖症和营养不良等。

6. 适量使用盐和钠

钠会导致高血压。已患高血压的人减少钠的进食量尤为重要。最为有效的方法就是减少厨房中、餐桌上盐的用量，减少盐分高的食物的摄入量，如薯片、咸果核仁、腌制的食物和酱油等含盐量高的食物。

7. 若有饮酒习惯，请保证酒量适当

酒精类饮料能量含量高，营养成分低，过度饮用会引发多种疾病，而适量饮用——每天一两杯不但无害，反而有益。

（十一）素食菜单

越来越多的人喜爱吃素食。为了迎合这一部分顾客在公共场所就餐的需求，这就要求厨师和厨师总管要精心准备各种各样的素食食谱。

素食指只吃植物制品，所有的动物制品，其中包括乳制品、蛋类均在禁食之列。

乳类素食者除了吃植物食品外，还吃乳制品，但不吃肉类食品。

乳蛋素食者除了吃植物食品外，还吃乳类和蛋类食品。

素食者主要的营养源是摄取足量的蛋白质。乳类制品和蛋均可提供高质

量的蛋白质，但素食者必须精心制定自己的食谱以保证获取足够的蛋白质。有些植物，如粮食、坚果和干豆等虽包含蛋白质，但除大豆和大豆类制品如豆腐之外，均是非完全蛋白质。素食者应该选择多种类的此类型食物以保证自己取得完全蛋白质。

素食主义者可能遵循着一种强烈的伦理或道德理念，也可能是出于健康的考虑。当然，厨师出于为自己的顾客着想，会非常乐于尊重他/她的意愿。除了那些有强烈的信念而坚持素食的人之外，还有一些人在某种场合吃肉，之所以选择素食仅仅因为它富于吸引力而已。厨师制作出令素食主义者满意的、富于创新的菜肴会满足更多的顾客，招徕回头客。

（十二）烹调的食物更有益于健康

餐馆和厨师们对于人们的健康状况和饮食要求越来越关注，他们开始重新检查自己制定的菜单，修改烹饪方法，并增加新的有益健康的菜点。有些餐馆制定出新菜单尽量贴近上面提出的健康饮食原则。

健康意识的不断提高也影响到人们对食物和烹调方法的重新思考。职业厨师通过各种不同的方法来使他们烹调的食物更有益于人体健康。

1. 在烹调中减少脂肪的使用量

一般认为湿性加热的烹调方法更有益于人体健康。

做炒菜时，不粘锅广泛使用，这样只需一点点油。使用一般的锅时也要尽量少用油。

架烤受到人们的青睐，主要在于食物不需抹油，但要注意烹调时，不要使食物烤干。

在烹调中减少用油量也意味着使用少油的配料，如去掉肉类和家禽肉中多余的油脂，用低脂酱油代替高脂酱油。食谱要经常更新，减少那些高脂肪配料，如黄油、奶酪和熏肉的使用量。

2. 使用不饱和性脂肪

在使用油时，尽量使用单不饱和脂肪，如橄榄油或棕榈油。

（十三）注重口味

味道是准备营养食品最为重要的因素。一盘富含维生素的菜肴如果因为味道欠佳而无人着箸，这将毫无用处。烹调口味俱佳的食品需要具备烹饪的原理知识，光有营养学的知识是远远不够的。

1. 尽量使用最新鲜的、质量最好的食物

要想少加或不加盐，少用脂肪，少用盐含量高的酱油和调味品而做出美味的食品，重要的一点就是选用高质量的天然原料。有益于健康的烹调方法就是保证食物的自然味道。

为了少用盐就能增加食物自然味道，厨师们通常选用鲜草香，辣的调味品如辣椒、姜、胡椒和味道重的原料如蒜、洋葱、醋。

2. 妥善保存食物

食物冷却时会损失一部分营养。妥善地保存可以减少营养的损失，这就需要一个好的冷藏箱。

3. 改变配料投放量

现在已不再流行用大鱼大肉来满足消费者的进餐需要，而是改为用小块的加工精制的肉、禽、鱼，再加上各种时令性水果蔬菜，这样为人们提供了更健康的饮食。

通常由于酱油会增加热量的摄取量而不受欢迎，若酱油味道浓则不需要加太多。因此如今的做法是提高酱油的品质，增加味道，减少消费量。同时酱油不要过浓，这样就不会过多地粘在食物上，只需一点点就可以满足需要，达到同样的效果。

（十四）让顾客做出选择

尽量使菜单上菜类和食品种类齐全，这样顾客就有充分的选择余地，选择满足自己喜好的菜肴。不一定只烹调选定菜肴，但是一份菜单上淀粉类菜只有炸薯条这一道菜，那么这份菜单就不能称为内容齐全的菜单。在厨房要有一些灵活性。一名优秀的厨师会根据顾客的特殊需求来随时对菜单内容进行修改。

（十五）培训餐厅服务人员

有些饭店还另外提供"豪华菜单"，或用特殊标记标明"健康"菜。令人遗憾的是，这可能误导顾客，认为这类菜是健康的，而其他菜因为没有标注则是不健康的。因此，厨师往往会培训餐厅服务人员如何回答对菜单的提问，并在必要时提出建议。

（十六）充分利用营养信息

了解食物中营养成分的含量有助于设计有益健康的菜单，许多出版物上都有常见食物的成分含量信息，许多餐馆厨师都阅读这些出版物，了解相关信息。有的餐馆还专门聘请兼职营养师帮助分析菜单，提供信息，以益于烹制出更为健康的食品。

当然聘请营养师不是每个单位都能做到的，但对食物营养有所了解会有助于最大限度地降低食物中的脂肪、胆固醇和盐的含量，增加营养物质的含量，达到营养均衡。

项目 3
菜单及节日菜单设计实例

节日菜单是根据一些地区和民族节日筹划传统的菜系。在西方有很多特色节日菜单,它们主要是体现节日的传统菜肴和风格特点,有相对固定的菜式,包含一定的意义。例如圣诞节——西方国家的人们和一些餐厅一般都举办盛大的圣诞节活动并准备丰富的美食(较多以自助餐形式出现),以美食、美酒、圣诞节目表演来欢庆圣诞节(图7-1和图7-2)。

图7-1 圣诞大餐烤火鸡
(特大火鸡+紫薯泥+蜜汁板栗+蜜汁红薯+特制香料面包=圣诞主菜三种汁:火鸡肝汁、红酒汁、金巴利火鸡汁)

图7-2 圣诞火腿
[圣诞火腿(烟熏猪后腿肉)+蜜汁菠萝片+蜜汁水果和蔬菜=圣诞主菜两种酱:蜂蜜酱、苹果酱]

一、酒店圣诞自助餐菜单实例

12月24日圣诞自助餐菜单

SALAD BAR: 沙拉吧

Tomato, cucumber, carrot, sweet corn, kidney bean and garden fresh lettuce

番茄、黄瓜、胡萝卜、粟米、腰豆及时令生菜

SEAFOOD STATION: 海鲜台

Japanese sashimi station 日本三文刺身台

Cooked Grass Shrimps on Ice with Chili and Lemon Wedges 冰镇大虾

Cooked Sea Scallops on Ice 冰镇海贝

Oysters with Chili Sauce and Condiments 冰镇生蚝

COLD PLATTER: 冷盘类

Assorted Japanese sushi Plate 什锦日式寿司盘

Smoked Salmon Roll with Asparagus, Served with Mustard Yoghurt Sauce

烟熏三文鱼翡翠卷配芥末酸奶汁及黑鱼子酱

Chicken Waffle salad with brown almonds 华夫鸡肉沙拉配酥杏仁

Nicosia Salad 法式尼斯沙拉

Crab meat and celery salad 蟹柳西芹沙拉

Caesar salad with mushroom and shrimps 虾仁蘑菇拌凯撒沙拉

Marinated duck wing with Chinese soya sauce 酱香卤鸭翅

Shredded tripe in chili oil 红油肚丝

Marinated beef with Chinese soya sauce 卤水牛展

DRESSING: 调味汁

Vinaigrette, Red wine dressing, Thousand island dressing, French dressing G/M

油醋汁、红酒汁、千岛汁、法汁

SOUPS: 热汤

Sweet corn cream soup with crab meat 奶油粟米汤配蟹肉

Braised Duck With Winter Melon and lion's mane mushroom 老鸭炖猴头菇冬瓜煲

Herbal Black Chicken Soup 滋补乌鸡汤

Mixed mushroom soup 杂菌汤

HOT DISHES: 热菜

Sauteed baby shrimps with cucumber and green peas 杭州青豆虾仁

Deepfried crab with chili sauce 香辣蟹

Steamed scallop 蒸扇贝

Grilled German sausage on sauerkraut 香煎德式香肠配德国酸菜

Gratin prawn with cheese 芝士焗大虾

B.B.Q Pizza 烧烤比萨

French fries 薯条

Williams potato 香炸土豆梨

Stir fried shredded chicken with rice vermicelli 广东五彩鸡丝炒米粉

Sauteed spaghetti with Mushroom and bacon in Naples Sauce 那不勒斯意粉

Sweet and sour pork Cantonese style 广东特色咕噜肉

Pan-fried Mini beef steak with mushroom sauce 迷你牛扒配蘑菇汁

Braised trepang with vegetable 翡翠扒海参

Deep-fried pork spare rib 中式蒜香排骨

B.B.Q. chicken drumstick 美式烧烤鸡腿

Pan-fried fish piccata "Milan" style 米兰式煎鱼扒

Catch of the Day 当日鲜活鱼

Mushroom grilled Choy sum 蘑菇扒菜心

Broccoli with crab sauce 蟹柳西蓝花

Steamed rice 白米饭

Roasted eel with teriyaki sauce 日式烤鳗鱼

CARVING STATION: 烧切

Oven Roasted American Turkey with Chestnut Stuffing and Giblet Gravy 烤美国圣诞火鸡配栗子饼和杂碎肉汤

Roasted Virginia Ham with Pineapple Gravy 烤圣诞火腿配菠萝汁

B.B.Q DUCK STATION: 烤鸭
SNACK: 小吃

Chestnut, Peanut, Italy Olive, Horse bean, Green Bean, Potato Chips, Pop Corn

板栗、花生仁、意大利大橄榄、美国大蚕豆、八宝青豆、薯片、爆米花

DIM SUM STATION: 点心台

Steamed bun "Nan Xiang" style 南翔小笼包

Cantonese shao mai Dim Sum 广东烧卖点心

BBQ STATION: 铁板烧

Meat, Seafood: Rib eye steak, capelin fish, smoked sausage, prawn, salmon fillet, scallop, lamb chop, Squid, Bacon

肉类、海鲜：肉眼牛排、多春鱼、烟熏肠、虾、三文鱼、扇贝、羊排、鱿鱼须、培根

vegetable: onion, lettuce, celery, green pepper, bean sprouts, vegetable skewer, mushroom

蔬菜：洋葱、生菜、西芹、青椒、豆芽、蔬菜串、蘑菇

seasoning: spring onion, ginger, garlic, light soy sauce, oyster sauce, chili sauce, black pepper sauce

调料：小葱、姜、蒜、生抽、蚝油、辣椒酱、黑椒汁

FRUITS STATION: 水果台

Watermelon, Kiwi, Orange, Grapefruit, Banana, Red Apple, Honeydew Melon, Strawberry, Grape

西瓜、猕猴桃、橙、葡萄柚、香蕉、红蛇果、哈密瓜、草莓、美红提

BREAD: 面包类

French Bread, Soft Roll, Hard Roll, Wheat Bread, Grissini Stick, Lavash

法包、软包、硬包、麦包、啤酒棍、薄脆

Served with: Butter

配上：黄油

DESSERTS: 甜品类

Assorted French pastries (5 kinds) 五种法式小点

Christmas Log cake 圣诞树根蛋糕

Christmas Cake 迷你圣诞蛋糕

Swiss American cheese cake 瑞士美式芝士蛋糕
Walnut pie 核桃派
English fruit cake 英式水果蛋糕
Poached pear in red wine 红酒梨
Mini Tiramisu 提拉米苏
Caramel Cream 焦糖奶油
Cookies Christmas 圣诞曲奇饼
Mixed fruit salad compote 什锦水果沙拉
Assorted ice cream (6 kinds) 什锦冰淇淋

WARM DESSERTS: 热甜品
Christmas Pudding 圣诞布丁
Coconut milk with red bean soup 椰浆红豆沙

二、情人节菜单实例

VALENTINE'S DAY SET MENU
情人节特选精美套餐

COLD SEAFOOD PLATTER (FOR 2)
Oysters, prawns, salmon and tuna sashimi, crab
冻海鲜拼盘

* * *

Chicken Consomme with Mushroom Dumpling
鸡肉清汤配蘑菇云吞

* * *

Pan-fried Goose Liver with Green Apple and Strawberry Sauce
香煎鹅肝配青苹果与草莓汁

* * *

Grilled Salmon with Mashed Potato, Mixed Vegetables & Green Mustard Sauce
香煎挪威三文鱼柳配日本芥末汁
OR
Pan-fried Lamb Chop with Sweet Potato Cream and Herb Sauce
炭烤新西兰羊扒配香草汁

* * *

Valentine's "Sweet Hearts Desire"
情人节特式甜品

* * *

Valentine's Chocolate and Coffee
情人巧克力及咖啡

RMB399 Net per Couple
399元人民币净价两位

三、西式自助餐的菜单实例

Food & Entertainment For Kitchen
餐饮娱乐厨房

Subject 主题	Christmas menu 圣诞菜单	Effective Date 执行日期	2010-12-24
Ref. No 编号	FE-02 FE-02	Issued By 发布人	Executive chef 行政总厨
Page 页数	1of 1 第一页	Approved By 批准人	General Manager 总经理

The western buffet menus

Cool cutting plate

Ham assorted cold meats (pepper beef, smoked the ridge, mushroom cold, beef bowel) bowel cut

Salad
Mixed bowel salad, tuna salad, west lettuce salad, cucumber salad, chicken salad (with thousand-island dressing, French salad dressing, vinaigrette)

Cooking station
Christmas secret makes the Turkey's ham (with: gold Barry juice, apple juice)

Hot food
Burn sauce stewed beef, Thai curry chicken

Dessert
Christmas snow bread, bag banana, French walnut cake, black forest egg tart, Denmark cookies, cream puff, bread sticks

Bag, bag of soft meal, apple pie, mixed little egg tart, mousse cake, chocolate cookies

The following is a domestic western food in the cafe menu:

Christmas meal A
A cocktail

Female male jazz scallops

Pigeons layers silk clear soup

China Randolph prawn salad

Burn Christmas Turkey rolls spell sirloin steak

The Christmas pudding

Coffee or tea

Christmas meal B
A cocktail

Pan-fried American Turkey

Crab meat and pumpkin soup

China Randolph prawn salad

Burn Christmas Turkey to beef fillet roll spell vanilla

The Christmas pudding

Coffee or tea

中文：西式自助餐的菜单

冷切盘

圣诞火腿什锦冷盘（胡椒牛肉、烟熏通脊、蘑菇冷切肠、牛肉肠）

沙拉

什锦肠沙拉、金枪鱼沙拉、西生菜沙拉、青瓜沙拉、鸡肉沙拉（配千岛汁、法汁、油醋汁）

明档

圣诞秘制火鸡、烤圣诞火腿（配：金巴利汁、苹果汁）

热菜

烧汁烩牛肉、泰式咖喱鸡

甜点

圣诞雪面包、香蕉包、法式核桃饼、黑森林蛋挞、丹麦曲奇饼、奶油泡芙、面包棍、法包、软餐包、苹果派、什锦小蛋挞、慕斯蛋糕、巧克力曲奇饼

以下是一份国内一家西餐咖啡厅的菜单：

圣诞节套餐A

特调鸡尾酒

女公爵士扇贝

鸽蛋鸡丝清汤

华多夫大虾沙拉

烧酿圣诞火鸡卷拼西冷牛排

圣诞布丁

咖啡或茶

圣诞节套餐B

特调鸡尾酒

香煎美国火鸡

蟹肉南瓜汤

华多夫大虾沙律

烧酿圣诞火鸡卷拼香草地牛柳

圣诞布丁

咖啡或茶

四、酒店菜单实例

（一）Shangri-la hotel Menu

Cold Dish

迷你金枪鱼三文治

Mini tuna sandwich

迷你火腿芝士三文治

Mini ham and cheese sandwich

各式冷切肠盘

Cold cuts

火鸡三文治

Turkey sandwich

蜜汁火腿三文治

Honey baked ham sandwich

烤牛肉三文治

Roasted beef sandwich

水果串

Fruits skewer

Hot Dish

迷你汉堡

Mini hamburger

炸麦乐鸡块

Deep-fried chicken nugget

肉丸意面番茄汁

Spaghetti with meat balls in tomato sauce

炸春卷

Deep-fried spring roll

炸薯条

French fries

炸馒头

Deep-fried bun

鸡肉派

Chicken pie

炸鱼条配塔塔汁

Deep-fried breaded fish with tartar sauce

Dessert

巧克力慕斯蛋糕

Chocolate mousse cake

迷你芝士蛋糕

Mini cheese cake

迷你法式点心

Mini French pastries

水果冻

Fruits jelly

各式雪糕
Assorted ice cream

（二）Kids Buffet Menu on Oct.31,2004

金枪鱼三文治
Tuna sandwich

墨西哥牛肉卷
Tortilla roll with stir-fried beef salad

火腿芝士三文治
Ham cheese sandwich

水果盘
Fresh fruit platter

炸薯条
French fries

炸鸡块
Deep-fried chicken nugget

肉酱意粉
Spaghetti bolognaise

迷你比萨
Mini pizza

西米露
Sago soup

南瓜派
Pumpkin pie

儿童饼干
Kids crackers

爆米花
Pop corn

M&M巧克力豆
M&M chocolate

薯片
Potato chips

水果冻
Fruit jelly

黑森林蛋糕
Black forest cake
鲜水果蛋糕
Fresh fruit cake

（三）Hotel Opening Buffet Menu

Salad Bar 自选沙拉

Vegetable 蔬菜

  Frisee Leaf 细菊生菜 Tomato 番茄
  Carrot 胡萝卜丝 Red Chicory Lettuce 红落地球生菜
  Butter Lettuce 黄油生菜 Cucumber 日本小青瓜
  Onion 洋葱 Lollo Rosso Leaf Lettuce 紫生菜
  Pea Sprout 豆苗 Iceberg Lettuce 西生菜

Legume 豆类

  Soya Bean 黄豆 Chicken Pea 鸡心豆
  Kidney Bean 红腰豆 Corn 玉米粒
  Pea 蚕豆

Caesar Salad 凯撒沙拉档

  Anchovies 银鱼柳 Parmesan Cheese 帕米森芝士粉
  Croutons 面包粒 Pine Nuts 松子仁
  Bacon Bits 烟肉碎 Pepper Mill 胡椒末

Dressing 汁酱

  Thousand Island Dressing 千岛汁 Honey Mustard Dressing 蜂蜜芥末籽汁
  Caesar Dressing 凯撒汁 Balsamic Vinegar Dressing 意大利黑醋汁
  French Dressing 法国酱汁 Dijon Mustard 瓶藏芥末
  Olive Oil 整瓶橄榄油

Pickles 店制大罐泡菜

  Greek Olive 希腊橄榄 Mix Pickled Vegetable 混合泡菜
  Spain Olive 西班牙橄榄 Sicilian Black Olive 西西里黑橄榄
  Pickled Mushroom 腌菇

* Fresh Herbs Olive Oil 新鲜香草橄榄油
* Vinegar 醋

Snack 小吃

Thai Fish Cake with Mango Salsa
泰式鱼饼配芒果沙沙

Smoked Duck with Apple sauce
烟鸭胸配苹果酱

Marinated Salmon Fish with Dill
莳萝三文鱼

Tortilla Cheese Roll
中东饼芝士卷

Gazpacho
西班牙冻汤杯

Crab Meat Mousse and Potato with Caviar
蟹肉慕斯小土豆配鱼子酱

Cold Bean Curd with Green Seaweed
冷豆腐配紫菜

Cold Steamed Egg Custard with Top on Teriyaki Sauce
冻蛋羹配日本汁

Radish and Salmon Roe
萝卜丝配三文鱼子

Seasonal Blanched Green Vegetable with Bonito Flake
绿色蔬菜配木鱼花

3 Kinds of Cold Noodles with Cold Soba Sauce and Spring Onion and Fine Sliced Egg Omelet
日本冷面

Asian and Western Cold Dishes
各国冷盘凉菜

Jelly Fish Salad
中式海蜇沙拉

Papaya and Mango Prawns with Lemon Juice
木瓜芒果大虾配柠檬姜汁

Grilled Tuna Fish with Pasta Salad
金枪鱼面条沙拉

Grilled Cajun Scallop with Capsicum
扒卡真带子甜椒沙拉

German Potato Salad
德国土豆沙拉

Fennel with Orange Salad
小茴香甜橙沙拉

French Goose Liver Parte with Brioche
法国鹅肝酱配黄油包

Farmer Terrine
农夫肉批

Szechwan Pickled Salmon
四川腌三文鱼

Cheese Platter 奶酪盘

Cheese Platter & Condiments Selection of Imported Cheeses with Celery Sticks, Fig Salami, French apricot sauce Candied Walnuts, Grapes & Water Crackers.

进口奶酪配芹菜棍、无花果沙拉米、法式杏脯酱、甜核桃以及葡萄苏打饼干

Seafood on Ice (Offered according to different season) 冰上海鲜（冰雕）

Small Lobster 小龙虾	Crab 螃蟹
Blood Clam 血蛤蜊	Snow Crab Claw 皇帝蟹腿
Tiger Prawn 老虎虾	Green Whelk 翡翠螺
Oysters 生蚝	Mussel 蚌
Razor Clam 蛏子王	

Condiments and Sauce 配料及酱汁

Capers 水瓜柳	Cocktail Sauce 美式鸡尾汁
Horseradish Sauce 辣根汁	Cocktail Onion 鸡尾洋葱
Lemon Wedges 柠檬角	Ginger with Red Vinegar 姜丝红醋
Sour Cream 酸奶油	Chinese Soy Sauce 中式芝麻酱油汁
Tomato Salsa 番茄沙沙	

＊Dill- Mustard Dressing 莳萝芥末酱

＊Red Tabasco 红辣椒仔

＊Green Tabasco 青辣椒仔

Japanese Corner
日式美食

Sushi Live Station 现场寿司

6 Kinds of Nigiri Sushi (Tuna, Salmon, Prawn, Salmon Roe, Urchin, Grilled Eel)

6种握卷(金枪鱼、三文鱼、大虾、三文鱼子、海胆、扒鳗)

Grilled Sushi

扒寿司

Served with Soy Sauce, Wasabi, Sushi Ginger, Spring Onion

配日本酱油，日本芥末，姜片，洋葱

Maki Roll Station (4 Kinds of Maki) 竹卷寿司

California Roll

加州卷

Grilled Eel Roll

扒鳗卷

Tempura Roll

天妇罗卷

Japanese Pickles

日本萝卜卷

Served with Soy Sauce, Wasabi, Sushi Ginger, Teriyaki Sauce, Mayonnaise, Lettuce, Cucumber, Crab Stick, Avocado, Flying Fish Roe

配日本酱油，日本芥末，寿司姜，照烧汁，蛋黄酱，生菜，黄瓜，蟹肉条，牛油果，飞鱼籽

Sashimi Station 生鱼片台

5 Kinds of Sashimi (Tuna, Kanpachi, Salmon, Bonito Tataki, Octopus)

5种生鱼片（金枪鱼，红甘鱼，三文鱼，柴鱼，章鱼）

Served with Soy Sauce, Wasabi, Radish, Seaweed

配日本酱油，日本芥末，白萝卜，海苔

Fruits Corner 水果档

Deluxe Seasonal Fruit Basketry 豪华水果篮

Seasonal Sliced Fruit (6 Types) 切片水果（六种）

Soup Corner
美味汤羹

Western Soup 西式汤

    Lobster Bisque with Cream and Chive

    奶油龙虾汤

Chinese Soup 中式汤

    Boiled Pork Ribs with Corn and Carrot

    玉米胡萝卜煲排骨

Stew Soup 炖汤

    Double-boiled Meat Soup with Abalone and Chinese Herb

    金霍斛柱脯炖鲍鱼

    Served with Bread and Butter

    配各类餐包及黄油

Western Hot Dish 西式热菜

    Stuffed Chicken with Mushroom Roll

    蘑菇酿鸡肉卷配烤甜椒

    Baked Oyster with Cheese Sauce

    芝士焗生蚝

    Middle East Lamb Chop with Couscous

    中东羊排配香味小米饭

    French Baked Snail with Vol Au Vent

    法式香蒜奶油汁焗田螺酥盒

    Grill Beef Roll with Bacon

    迷你烟肉牛柳卷配野菌汁

    Gratin Seafood with Mashed Potato

    焗奶油烩海鲜土豆泥

    Baked Turkey Eggplant

    土耳其焗茄子

    American B.B.Q Pork Rib

    美式烤猪肋排

    Grilled Salmon with Japanese Sauce

    日式汁烤三文鱼

Asian Hot Dish 亚洲热菜

Deep-fried Crispy Spare Rib

驰名海山骨

Sauteed Shrimp Ball with Strawberry Sauce

草莓汁脆虾球

Fried Baby Shrimp and Minced Fish Topped with Walnut

金盏鱼末飘香

Bean Curd Skin Stuffed with Four Kinds of Vegetable in Chicken Sauce

鸡汁如意四宝蔬

Sauteed Sliced Duck Breast and Cuttlefish with Holland Bean

鹭岛墨鱼招展

Deep-fried Beef Brisket Skewered with Spring Onion

葱串甘香肉

Stewed Beef Brisket with Fresh Yam

原汁炖鲜淮山牛腩

Action Stations
明档

Tempura Station 天妇罗档

| Prawn Tempura | Green Vegetables Tempura | Tempura Sauce |
| 大虾天妇罗 | 蔬菜天妇罗 | 天妇罗汁 |

3 Kinds of Salt (Curry Powder, Green Tea Powder, Sichuan Pepper)

3种椒盐（咖喱粉，绿茶粉，花椒粉）

Carving 肉车

Salmon and Spinach Wellington with Asparagus, Tomato Confit and Port Wine Sauce

威林顿菠菜三文鱼配芦笋油浸番茄和砵酒汁

Varieties of Italian Pastas 各种面类

| Penne 斜切面 | Fettuccine 意大利宽面 |
| Spaghetti 意大利棍面 | Gnocchi 汤团 |

Choice of Sauce: Creamy Saffron, Tomato Basil, Aglio-olio, Vegetable Curry

配上藏红花奶油汁、番茄汁、辣味蒜香汁、蔬菜咖喱汁

Condiments and Sauce 配料及酱汁

    Chili Oil 红辣油   Chili Flakes 辣椒片   Olive Oil 橄榄油

    Spring Onion 葱花   Garlic Slice 蒜片   Pesto 蒜味沙司

    Coriander 香菜碎   Parmesan Cheese 芝士粉

    Choose from an Array of Sauces, Condiments, Vegetables and Garnishes to Create Your Favorite Dish

    随您喜好可配选汁酱、小料、蔬菜及装饰，按照您的口味去烹调

Home Made La Mian Noodles 现场拉面

    Braised Pork in Soy Sauce 红烧肉方

    Braised Beef Tenderloin Chuck in Soy Sauce 红烧牛腩

    Stir-fried Chicken 辣味鸡块

Grill Station 现场扒档

    Goose Liver 鹅肝   Fish Fu Shou 福寿鱼   Chicken Drumstick 鸡腿

    Prawns 斑节虾   Pomfret 小白鲳   Chicken with Satay Sauce 沙嗲鸡肉

    Lamb Cutlet 羊扒   Yellow Fish 黄花鱼   Seafood Skewer 海鲜串

    Lamb Skewer 羊肉串   Cod Fish Fillet 鳕鱼片   Salmon Fillet 三文鱼柳

    Beef Sirloin 牛西冷   Capelin Fish 多春鱼   Sole Fillet 龙利鱼柳

    Squid 鲜鱿鱼   Mackerel 秋刀鱼   Sea Bass Fillet 鲈鱼柳

    Pork Sausage 猪肉肠   Snapper Fillet 红立鱼柳   Beef Ribs 牛仔骨

Vegetable 配菜

    Roasted Vegetable with Herbs 香料烤时蔬

    Braised Asparagus 扒芦笋

    Selection of Mustards, Mushroom, Black Pepper or Teriyaki Sauce

    请选择芥末、蘑菇、黑椒或铁板烧肉汁油

Dim Sum Station 点心

    Steamed Spare Rib with Black Olive and Minced Garlic

    榄汁蒜香蒸肋骨

    Steamed Chicken Claw with Home Made Sauce

    百酱蒸凤爪

    Steamed "Cha Siu" Bun

    叉烧包

Steamed Conpoy "Siu Mai"

干贝烧卖

Chili Oil, Rice Vinegar, Soya Sauce

辣椒油、大红浙醋、酱油

Barbequed Station 亚洲美食烧烤卤水档

B.B.Q Meats Selection

烧烤肉类

Choices of Roasted Duck, B.B.Q Pork, Poached Chicken

可选中式烧鸭、叉烧、姜葱香草鸡

Chaozhou Soya Stew 潮州卤水

Marinated Beef Tripe

卤水金钱肚

Marinated Goose Wings and Webs

卤水鹅翼

Marinated Beef Shank

卤水牛腱

Bean Curd & Eggs

卤水豆腐&卤水鸡蛋

Sliced Red Chili, Soya Sauce, Ginger and Vinegar

红辣椒片、生抽、姜醋汁

Shawarma 中东烤肉

Beef or Chicken Shawarma Served with Pita Bread

烤牛肉或鸡肉配皮达面包

Sour Mayonnaise, Tomato Ketchup, Tzatziki, Hummus, Tabbouleh, Tomato, Shredded Lettuce, Coriander, Red Onion

酸奶油汁、番茄沙司、希腊酸奶黄瓜、埃及豆酱、中东小麦沙拉、番茄、生菜丝、香菜及红洋葱丝

Desserts 甜品

Mini Pastry

Strawberry Tart

草莓挞

White Chocolate Passion Fruit Banana Gateaux
白巧克力热情果香蕉千层糕

Chocolate Rum Truffle Cake
浓味巧克力蛋糕

Honey Pecan Pie
蜜汁核桃派

Baked Cheese Cake
烤芝士蛋糕

Tiramisu
提拉米苏

Mud Cheese Cake
芝士饼

Chocolate with Cookies

Almond Cookies
杏仁曲奇

Orange Biscotti
橙味意式饼干

Coconut Walnut Biscuit
椰子核桃饼干

Fig Caramel Bar
无花果焦糖棒

Strawberry Milk Chocolate
草莓牛奶巧克力

Cherry White Chocolate
樱桃巧克力

Mango Shooter
芒果鸡尾酒

Mango Coconut Grapefruit Salad
芒果椰子西柚沙拉

Papaya Yoghurt
木瓜酸奶

Mung Bean Sweet Soup
绿豆沙甜汤

Vanilla Panama Cotta

香草巴拿马奶冻

Lemon Grass Coconut Pineapple Panama Cotta

香茅椰味菠萝奶冻

Mango Pudding

芒果布丁

Chocolate Fountain accompanied with Fresh Fruit & Candies Stick

新鲜水果串和糖果配巧克力汁

Baked Egg Tart

香酥蛋挞

Baked Durian Puff

飘香榴莲酥

Action Station

Crepe (Praline Paste, Mexican Condensed Milk, Fruit Paste, Crispy Nuts)

法式薄饼

Pastry Rolling Nougatine with Coriander and Ice Cream

牛轧糖冰淇淋卷

Choux Pastry

泡芙

Fresh Fruit Sushi

水果寿司

（四）Holiday Inn Express Menus (Breakfast, Lunch and Dinner)

Holiday Inn Express breakfast: 假日快捷酒店早餐

Breakfast is included in room rate. RMB 15.00 will be allocated to F&B per breakfast.

房费包含早餐，每份早餐分15元入账至餐饮部。

Outside / walk-in guest will pay RMB 28 for breakfast.

店外客人每份早餐28元。

The Express Breakfast Set 1 快捷早餐套餐一

－Hot or Cold Soy Milk, Hot and Cold Fresh Milk 热或冷豆浆，热或冷鲜奶

－Plain Congee with Condiments 白粥加调味品

－3 Steamed Buns 3个馒头

－2 Fried Eggs (well done) 2只煎蛋（熟透）

－Cut Fruit 切片水果

－Bottomless Coffee or Tea 浓咖啡或茶

Menu Equipment 餐具

Soya milk Hi ball glass 豆浆杯

Plain congee 16.5 cm W x 9 cm H congee bowl 白粥碗 宽16.5cm，高9cm

Condiments 10 cm dia x 4.5 cm H for each 每份调味品餐具：直径10cm，高度4.5cm

Steam buns and fried eggs plate 28 cm x 19 cm 馒头和煎蛋盘：28 cm x 19 cm

Cut fruit plate 11.5 cm dia x 6 cm H 水果盘 直径11.5cm，高度6cm

Coffee / tea mug 茶杯或咖啡杯

Serving tray Standard Ikea blue 蓝色标准超轻托盘

Cut fruit plate: 3 different types of seasonal cut fruit 不同类型时令水果拼盘

Fried egg plate: flavored with soya sauce 佐浆煎蛋

The Express Breakfast Set 2 快捷早餐套餐二

－Hot or Cold Soy Milk, Hot and Cold Fresh Milk 热或冷豆浆，热或冷鲜奶

－Beef Brisket Noodle Soup 牛腩汤面

－2 Fried Eggs 2只煎蛋

－Sauteed Assorted Vegetables 什锦炒菜

－Cut Fruit 水果切片

－Bottomless Coffee or Tea 浓咖啡或茶

Menu Equipment 餐具

Soya milk Hi ball glass 豆浆杯

noodle bowl 14.5 cm W × 7.5 cm H 面条碗 宽14.5cm，高7.5cm

Tea-flavored eggs bowl 10 cm dia × 4.5 cm H 茶叶蛋碗

Sautéed Assorted Vegetables plate 28 cm × 19 cm 什锦菜盘 28 cm x × cm

Cut fruit plate 11.5 cm dia × 6 cm H 水果盘 直径11.5 cm × 高6 cm

Coffee / tea mug 咖啡杯或茶杯

Serving tray Standard Ikea blue 蓝色标准超轻托盘

Cut fruit plate: 3 different types of seasonal cut fruit 水果切片：三种不同的时令水果拼盘

Fried egg plate: flavored with soya sauce 佐浆煎蛋

The Express Breakfast Set 3 快捷早餐套餐三

-Hot or Cold Soy Milk, Hot and Cold Fresh Milk 热或冷豆浆，热或冷鲜奶

-Hong Kong Style Yangzhou Fried Rice 港式扬州炒饭

-2 Fried Eggs (well done) 两只煎蛋

-Sauteed Assorted Vegetables 什锦炒菜

-Cut Fruit 水果切片

-Bottomless Coffee or Tea 浓咖啡或茶

Menu Equipment 餐具

Soya milk Hi ball glass 豆浆碗

Fried Rice bowl 15 cm W × 5 cm H 炒饭碗 宽15cm × 高5 cm

Sauteed Assorted Vegetables and Fried eggs Plate 什锦炒菜及煎蛋盘 28 cm × 19 cm plate 盘 28 cm × 19 cm

Cut fruit plate 11.5 cm dia × 6 cm H 水果拼盘 直径11.5 cm × 高6 cm

Coffee / tea mug 咖啡或茶杯

Serving tray Standard Ikea blue 蓝色标准超轻托盘

Cut fruit plate: 3 different types of seasonal cut fruit 水果切片：三种不同的时令水果拼盘

Fried egg plate: flavored with soya sauce 佐浆煎蛋

The Western Express 西式快捷早餐

-Glass of Orange Juice 橙汁杯

-2 Egg Plain Omelettes with Hash Brown Potato and Crisp Bacon 奄列蛋

-Corn Flakes 玉米片

-Toast with Butter and Jam 加黄油及果酱

-Cut Fruit 水果切片

-Bottomless Coffee or Tea 浓咖啡或茶

Menu Equipment 餐具

Soya milk Hi ball glass 豆浆杯

Corn flakes bowl 15 cm W × 5 cm H 玉米片碗 宽15 cm × 高5 cm

2 egg plain omelettes 28 cm × 19 cm plate 两只煎蛋盘 28 cm × 19 cm

Cut fruit plate 11.5 cm dia × 6 cm H 水果拼盘 直径11.5 cm × 高6 cm

Coffee / tea mug 咖啡或茶杯

Serving tray Standard Ikea blue 蓝色标准超轻托盘

Cut fruit plate: 3 different types of seasonal cut fruit 水果切片：三种不同的时

令水果拼盘

Corn flakes plate: 30 g / pack 玉米片：每包30克

（五）CHILDREN SET MENU

A套

圆圆比萨饼

MARRY GO ROUND

Mini pizza rolls with mozzarella cheese and tomato

爽爽冰淇淋

FRIENDLY FROSTY

Your favourite ice cream with choice of topping

B套

倪哞儿童餐

NEMO AND FRIENDS

Fish fingers and chips

黑色诱惑

MUDDY ME

Black forest cake with fresh fruits and chocolate sauce

C套

熏鸡肉芒果沙拉

SMOKED CHICKEN &MANGO SALAD

炸鸡块配薯条

Deep-fried chicken nuggets with French fries

D套

跳跃热狗

HOPPING HOT DOG

This sausage likes to jump in your mouth

水果挞

HEALTHY,WEALTHY AND ICE

Fresh fruit tart with vanilla ice cream and strawberry sauce

参 考 文 献

[1] 高海薇. 西餐烹调工艺 [M]. 北京: 高等教育出版社, 2005.
[2] 陈忠明. 西餐烹调技术 [M]. 大连: 东北财经大学出版社, 2003.
[3] 郭亚东. 西餐工艺 [M]. 北京: 高等教育出版社, 2003.